Julia Schulz
Der weibliche Erfolgspfad

W0076090

Julia Schulz

Der weibliche Erfolgspfad

ULRIKE **HELMER** VERLAG

ISBN 978-3-89741-377-1

© 2015 Copyright Ulrike Helmer Verlag, Sulzbach/Taunus
Alle Rechte vorbehalten
Covergestaltung: Atelier KatarinaS / NL unter Verwendung der Abbildung
»*abstract yellow and orange curves background*« © stylettt – fotolia
Gedruckt auf säurefreiem, alterungsbeständigem Werkdruckpapier
Printed in Germany

Ulrike Helmer Verlag
Neugartenstraße 36c, D-65843 Sulzbach/Taunus
E-Mail: info@ulrike-helmer-verlag.de

www.ulrike-helmer-verlag.de

Inhalt

Teil I

Teil II

Teil 1

Vorwort

Frauen müssen nicht erst erfolgreich, engagiert und leistungs-
stark werden – sie *sind* es bereits. Sie wissen auch, wie Erfolg zu
erzielen ist und was sie dafür brauchen.

Bei den meisten von ihnen ist der Weg zu einem größeren und
authentischeren Erfolg jedoch blockiert durch innere Zweifel,
Unsicherheiten, Zerrissenheit, Zögerlichkeit, Rücksichtnahme,
Irrwege und falsche Ratschläge.

Frauen benötigen darum andere Erfolgswege – ich nenne sie
Pfade. Diese dürfen weiblich geprägt und kraftvoll sein, denn
Frauen brauchen Lust auf Erfolg sowie Spaß und Genuss an
Beteiligung und Einfluss!

Bei Diskussionen um Frauen sticht ein Wort in den Medien
besonders hervor: **Karriere**. Es ist ein männlich geprägter und in
der bürgerlich patriarchalen Gesellschaft entstandener Begriff,
der zwar ursprünglich eine berufliche Laufbahn bezeichnet, aber
im alltäglichen Sprachgebrauch allgemein als Weg nach oben
verstanden wird. Es geht also darum, aufzusteigen, eine Leiter zu
erklimmen. Das Wort passt zu hierarchischen Denkprozessen,
die heute Grundlage einer jeden Unternehmensstruktur darstellen.

In der gängigen Ratgeberliteratur für Frauen begegnet man
immer wieder der Empfehlung, sich die männlichen Aspekte von
Karriere, Macht und Führung zunutze zu machen. Dafür werden
verschiedene Ratschläge geboten, die sich jedoch inhaltlich in
den wesentlichen Punkten wiederholen und auch immer wieder
ganz konkret auf die männlichen Regeln (auch genannt die »*10
Spielregeln der Macht*«[1]) verweisen, die Frauen lernen und beherrschen sollen.

Es geht oft konkret um Mitspielen, Rangordnung, Macht,

Wettkampf, Dominanz. Als Kompetenzen werden oft genannt: Durchsetzungskraft, Präsentieren, Positionieren und Selbstbehauptung. Selten geht es aber darum, mit Inhalten, Qualifikationen, Wissen oder ähnlichen Stärken zu überzeugen. Auch in Workshops und Seminaren werden Frauen dazu aufgefordert und angeleitet, sich noch mehr mit den gängigen Karriereregeln und Methoden zu identifizieren und diese für sich anzuerkennen.

Damit werden Frauen mehr und mehr zu Nachahmerinnen und »Schattengängerinnen« im Echo des Mannes. Sie stimmen indirekt Verhaltensweisen zu, die sie weder für sich selbst noch allgemein genug hinterfragen.

Diese Sichtweise und Interessenslage ist aus meiner Sicht aufgrund der aktuellen Lage, die ich im folgenden erläutern werde, überholt und nicht mehr angemessen.

Statt um Karriere geht es vielmehr um **Erfolg**: Erfolg im Sinne der persönlichen Ziele, hinführend zu denjenigen Inhalten, die Frauen charakteristisch für wichtig erachten, im Einklang mit Unternehmenszielen. Gemeint sind die individuellen Erfolge von Frauen mit viel Weiblichkeit und eine im Kollektiv anzustrebende Einflussnahme.

Dieses Buch widmet sich verstärkt den aktuellen Unternehmenswelten, dort vorherrschenden Regeln, Zuständen und Herausforderungen. Es zeigt Ansätze auf, wie Unternehmen auf die Erfolgskriterien von und für Frauen eingehen können mit dem Ziel, das Weibliche als eigenständige Qualität und Erfolgsfaktor wahrzunehmen und auf der Handlungsebene entsprechende Rahmenbedingungen zu erschaffen, um dem Weiblichen eine adäquate Plattform für Einflussnahme geben zu können.

Auf diese Weise werden Frauen dazu angeregt, passgenaue Themen in den Unternehmen durch ihre speziellen Erfolgskriterien und Kompetenzen anzugehen und letztlich erfolgreich zu bearbeiten und zu lösen.

Einleitung

Einführung in die Thematik

Um sich im beruflichen Kontext zu etablieren, haben Frauen sich in den letzten Jahren darauf fokussiert, sich innerhalb von männlich geprägten systemischen Hierarchieordnungen zu behaupten. Viele haben dabei gelernt, männliche Machtstrategien bzw. männliche Kompetenzen zu kopieren und zu beherrschen.

Dabei haben Frauen in der Vergangenheit auch an männliche Erfolgsmodelle angeknüpft und diese adaptiert. Allerdings haben sie den männlichen Aspekten von Erfolg dabei eine überragende Rolle zugeordnet, diese als einzig richtig anerkannt und gemeinsam mit den Unternehmen eine Vereinheitlichung und Konformität von Karriere- und Erfolgswegen verstärkt. Vor allem wurden diese Konzepte zu wenig in Frage gestellt und für sich reflektiert.

Frauen haben mit unterschiedlichem Erfolg versucht, die »Männersprache« zu beherrschen. Doch sie haben damit nicht für sich selbst gesprochen bzw. nicht in ihrem eigenen Sinne »gesprochen« und keine eigene »Ansprache« gefunden. Im Ergebnis fehlen Fürsprecher(innen) für die Belange der Frauen und Frauen haben sich auf die Seite von Männern begeben, als besäße das Weibliche keine eigene Qualität.

Aber noch wichtiger erscheint es mir zu betonen, dass Frauen zu wenig eigene, ihnen gerechte Aspekte mit eingebracht haben und zum großen Teil gegen eine größere Wirkkraft weiblichen Stiles gearbeitet haben.

Der eigene weibliche Einfluss wurde damit nicht voll ausgeschöpft, sondern eher verdrängt, um nicht sogar zu sagen: verleugnet. Zumindest wurde dabei ein entscheidender Teil der Persönlichkeit nicht als Ressource genutzt. Im Zusammenspiel von erfolgversprechenden gemischten Teams geht damit auch innerhalb von Unternehmen eine wertvolle, sich gegenseitig synergetisch bereichernde Zusammenarbeit verloren.

In jedem Fall aber wurde damit ein geschlechtlicher Aspekt verbannt, nämlich die Tatsache, dass es wesentliche Unterschiede zwischen Frau und Mann gibt.

Über Gleichheit oder Differenz der Geschlechter wird schon seit Jahrhunderten diskutiert. Die Gender-Forschung der letzten Jahrzehnte debattiert »Geschlecht« als ein rein soziales Konstrukt. Das Spektrum an Theorien zum Thema »Geschlecht« ist breit. Wie auch immer wir zum Thema stehen, hier und heute lässt sich unschwer feststellen: Die Art und Weise, wie eine Frau denkt, fühlt, handelt und behandelt wird, unterscheidet sich *en gros* stark von der eines Mannes. Im privaten Umfeld wird diese Tatsache weitestgehend anerkannt und bejaht, im unternehmerischen Kontext jedoch geradezu abgestritten, meist auch von Frauen selbst.

Weibliche und männliche Aspekte und Qualitäten sind in meinen Augen aber nicht nur *unterschiedlich*, sondern auch *gleichwertig*. Idealerweise bedingen und bereichern sie sich gegenseitig. In der Arbeitswelt kommen zusätzlich aber Hierarchien, Machtverhältnisse, Auf- und Abwertungssysteme ins Spiel, die eine große Wirkmacht besitzen und letztlich Frauen wie Männern und den Unternehmen selbst nicht gerecht werden – auch wenn das männliche Geschlecht bislang anscheinend stärker davon profitieren konnte.

Meine Grundthese ist, dass Frauen bereits erfolgreich sind, oft sogar als Leistungsträgerinnen im Hintergrund, aber noch erfolgreicher sein könnten und dafür einen weiblichen Pfad brauchen. Um noch erfolgreicher zu werden, brauchen sie ihre eigene »Sprache« (im Sinne einer Verständigung), eigene Erfolgskriterien, eigene Erfolgskompetenzen und Erfolgsmodelle, die ihrer geschlechtlichen Persönlichkeit und Prägung und ihrem ureigensten Wesen entsprechen. Diese fließen entsprechend in den Unternehmenskontext ein. Unternehmen und vor allem das Personal Management sind angehalten, sich dieser Unterschiedlichkeit zu stellen, statt Konformismus zu unterstützen, der eher gegen die aus der Unterschiedlichkeit entstehenden Synergien arbeitet.

Diversity/Gender Management ist ein ambivalenter Vorgang in Unternehmen, der es an letzter Konsequenz fehlen lässt. Es wird zwar die Unterschiedlichkeit anerkannt (Diversität), jedoch ohne auf diese einzugehen. Ziel ist es vielmehr, Gerechtigkeit herzustellen, also Gleichstellung und Gleichbehandlung. Damit werden alle Unterschiede auf dieses Ziel fokussiert und Maßnahmen entsprechend einer Gegenlenkung ausgerichtet. Dabei ist es gerade die Diversität, die in den Unternehmen einen Erfolg garantiert.

Unternehmen und Frauen müssen sich gemeinsam intensiv auseinandersetzen mit den Themen Macht, Erfolg, Karriere, Hierarchien und Selbstverwirklichung. Sie müssen neu hinterfragen, was Mut, Ausdauer, Motivation, was Einstellung und Haltung bedeuten.

Mein Anliegen ist, Unternehmen und Frauen davon zu überzeugen, dass nur die gemeinsame Stärke aus weiblichen und männlichen Aspekten den immer globaleren und komplexeren Herausforderungen gerecht werden. Wir benötigen dringend einen Veränderungsprozess im Verhalten und Denken, wobei alternative Erfolgswege und jede Form der (neuen) Andersartigkeit willkommen sind.

Es ist jetzt an der Zeit, dass sich Frauen ihrem Anteil am ganz Großen stellen und aktiv und sichtbar werden.

Aussichten und Ausblicke

Es wird in Unternehmen sehr viel Zeit dafür aufgebracht, Hierarchien zu definieren. Und auch jeder einzelne Mitarbeiter benötigt sehr viel Energie und Arbeitszeit dafür, die eigene Position innerhalb dieser Hierarchien zu finden, zu rechtfertigen, zu festigen, zu behaupten und zu verteidigen.

Dabei mag die Position (und damit der Erfolg) Einzelner manifestiert werden, nicht aber die Position des Unternehmens. Es lässt sich ferner erahnen, welch betriebswirtschaftlicher Schaden durch diese zum größten Teil hausgemachte Problematik entsteht. Energien werden an Sinnloses gebunden und Ressourcen verschwendet. Blockaden mit Langfristwirkung entstehen und führen wiederum zu Unproduktivität.

Es drängt sich mir seit Jahren die Frage auf: Ist es überhaupt permanent notwendig, die eigene Position zu verteidigen und wenn ja, warum und mit welchen Mitteln wird da um was konkret gekämpft?

Wo bleiben dabei die so elementaren Inhalte, die den Unterschied machen? Inhalte, die als Grundlage für Visionen, Innovationen dienen, um zu echten zukunftsgerichteten Zielen zu führen. Inhalte, die der Sache, also dem gemeinsamen Erfolg, dienen und von Engagement und Leidenschaft des Einzelnen und ganzer effektiv zusammenarbeitender Teams geprägt sind.

Berichte und Untersuchungen zum *Gender/Diversity Management* zeigen, dass geschlechtlich gemischte Teams effektiver arbeiten. Dafür gibt es mehrere Gründe.

Im Spannungsfeld weiblicher und männlicher Verhaltensweisen liegt ein großes Potenzial. Ein gemeinsamer Erfolg ist hier jedoch erst dann zu erzielen, wenn der Tatsache Beachtung geschenkt wird, dass zunächst das kraftvolle, harmonische und zielgerichtete Ausleben beider geschlechtlicher Aspekte ermöglicht, auf eine gemeinsame und neue Reise zu gehen.

Die Unternehmenswelten mit ihren bisherigen Wegen kommen

seit längerer Zeit an gefährliche Grenzen. Sie über- und unterschätzen Veränderungen und Situationen, straucheln und gehen logischen Konsequenzen noch immer aus dem Weg. Denn diese erfordern eine radikale, alternative Umgestaltung aktueller Gegebenheiten, auch im Umgang mit den Menschen in den Unternehmen. Dieser Prozess der Umgestaltung braucht viel Mut, Zeit und Ressourcen. Er ist jedoch unumgänglich. Denn selbst heute noch leistungsstarke Mitarbeiter, die kontinuierlich Belastungsgrenzen überschreiten, werden auf Dauer dem Druck und den Beschäftigungsverhältnissen nicht mehr standhalten können.

Frauen haben viele Jahre aufmerksam die Unternehmenswelten beobachten und dabei Verständnis entwickeln können, auf welche Werte und Kompetenzen es gerade ankommt. Insofern ist es durchaus keine negative Ausgangslage, dass Frauen bisher nicht sichtbar genug zum Zuge kamen.

Jetzt aber ist die Zeit überreif, gestalterisch eine neue Unternehmensära und -dimension einzuläuten, in der sich auch Frauen einbringen, so dass beide geschlechtlichen Facetten ein großes Ganzes ergeben, ähnlich der Ergänzung, Erweiterung, Bereicherung und letztlichen Vervollständigung eines Repertoires.

Unternehmen werden davon profitieren, dass sich Frauen auf den Erfolgsweg begeben, ihre weiblichen Erfolgskompetenzen kraftvoll zum Ausdruck bringen und in der Arbeitswelt umsetzen, zumal sich schon kurzfristig mehr Lebendigkeit, mehr Synergien, mehr kritische Betrachtungsweisen beobachten lassen werden. Mittelfristig wird sich dieser Weg als ein entscheidender Wendepunkt erweisen, an dem Unternehmenskulturen langfristig zu einem neuen Erfolgspfad, einer neuen »diverse/gender«-Erfolgsformel finden mit einer Vereinigung von Gegensätzen, bei der der gemeinsame Erfolg vorprogrammiert ist.

Das Neue setzt sich dann durch, wenn es Erfolg hat und wenn es die richtige Zeit für Veränderungen ist. Und die ist jetzt.

Persönliche Anmerkung zu meiner Person und der Entstehung dieses Konzeptes

Geboren in den sechziger Jahren, konnte ich gut profitieren von der durch Frauen zuvor errungenen Freiheit. Ich war sechzehn Jahre bei verschiedenen Global Playern tätig, davon elf Jahre im Personalbereich und acht Jahre in internationalen/globalen Führungspositionen (disziplinarische Leitung von Teams und operative Leitung von Großprojekten, umfangreiche Auslands-/Expatriate-Erfahrung, Leitung Human Resources).

Zuletzt als Mitglied der Geschäftsführung mit Prokura, ist es mir gelungen, das Personalthema ganz oben zu platzieren und alle Entscheidungen mitzugestalten.

Mein Weg in die Selbständigkeit war ein weiterer Sprung in die Unabhängigkeit und gab mir als Coach, Beraterin und Referentin größere Möglichkeiten der Einflussnahme in verschiedenen Konzernen und Mittelstandsunternehmen. Danach folgte die Gründung zweier Unternehmen mit Fokus auf Führungskräfteberatung, Change Management sowie Stress- und Selbstmanagement und betriebliches Gesundheitsmanagement.

Seit einigen Jahren höre ich auf eine Herzensstimme und begleite Frauen dabei, ihren eigenen weiblichen Weg zu finden zur Umsetzung ihrer persönlichen beruflichen Ziele.

Neben meinen eigenen Ideen und Gedanken fließt in dieses Projekt meine jahrelange Erfahrung in der Zusammenarbeit mit Menschen im Beruf ein.

In der Personalführung hatte ich einen Frauenanteil von 80 Prozent, zu 90 Prozent selbst jedoch männliche Vorgesetzte und Kollegen. Als Coach und Beraterin unterstütze und stärke ich seit 2006 Unternehmen und Menschen mental bei der Umsetzung und Bewältigung beruflicher Themen und Projekte und habe bisher einen großen Schwerpunkt auf Stressmanagement und Führungsthemen, insbesondere bei Veränderungsprozessen, gelegt. Als Gründercoach habe ich viele Einzelpersonen, darunter einen erheblichen Frauenanteil, in die Selbständigkeit begleitet – Menschen, die dem Druck und den politischen Machenschaften in Unternehmen nicht mehr standhalten konnten und die ihre eigenen Wege finden wollten.

Bei der Entstehung dieses Konzepts und der als Marke eingetragenen Methode »**Der Weibliche Erfolgspfad!**«® greife ich neben meiner Beratertätigkeit und Recherchen auf Erlebnisse zurück, die mir in Einzelgesprächen berichtet wurden, auf Prozesse, die ich in Konfliktberatungen beobachten und begleiten konnte, sowie auf meine Erfahrung als Beraterin bzw. Moderatorin etlicher Führungskräfte-Workshops, Zielfindungs- und Gruppenprozessen sowie als Leiterin von Projekten.

Diese gesammelten und umfangreichen Erfahrungen mit Unternehmen und Einzelpersonen erlauben es mir, für die Erkenntnisse im Buch geradezustehen und Thesen aufzustellen, die sicherlich nicht immer auf Zustimmung treffen werden, jedoch aus Feldstudien heraus entstanden sind und meiner eigenen Lern- und Entwicklungsbiografie sowie der von vielen Frauen aus meinem Netzwerk in großen Teilen entsprechen.

Aufgrund der Aktualität des Themas und aus dem persönlichen Anliegen heraus, noch mehr Weiblichkeit in die Gesellschaft zu tragen, fokussiere ich mich mit dem »Weiblichen Erfolgspfad« verstärkt auf Frauen und deren Belange im beruflichen Kontext. Ich unterstütze Frauen dabei, ihren Erfolgspfad erstmals zu begehen oder ihre bisherigen Erfolge zu erweitern und zur Vollendung zu bringen, und begleite sie dabei, gemeinsam positive, lustgeprägte Pfade mit viel Motivation, Herzblut, Leidenschaft und Mut zu gehen. Damit verbinde ich die Hoffnung, dazu beizutragen, dass sich viele Frauen von innen heraus kraftvoll, mit viel Gefühl, Bauch, Verstand sowie mit Klarheit und Entschlossenheit und vollem Einsatz authentisch beteiligen und der Unternehmenswelt zuwenden, damit weibliche Qualitäten wieder Einzug halten.

Unternehmenswelten

Es gibt bislang keine ausreichenden und abschließenden Antworten auf die aktuellen Themen und Herausforderungen in Unternehmen. Neben wirtschaftlichen, globalen, wettbewerbsorientierten und finanztechnischen Fragestellungen sind es vor allem die Themen rund um den Menschen, die ungelöst bleiben und dennoch die Unternehmen einholen und in die Knie zwingen.

Bisherige Lösungsansätze, Strategien und Konzepte sind überholt und nicht mehr angemessen für die heutige Unternehmensrealität. Sie erzielen nicht immer die gewünschten Erfolge und Ergebnisse. Weder werden sie im nötigen Maße aufgegriffen, noch liefern sie Antworten auf alle offenen Fragen.

Gerade nach Personalabbau, Verschlankung und Restrukturierung sind die Unternehmen auf den einzelnen Menschen und seine Reaktion auf die Veränderungen angewiesen. Langfristig geht es um Leistungs- und Gesundheitserhalt der Mitarbeiter, der einhergeht mit deren Motivation und Zufriedenheit.

Die aktuellen Herausforderungen in Konzernen und im Mittelstand erfordern einen umfangreichen Umgestaltungsmut und eine alternative Unternehmenskultur und -ethik.

Der demografische Wandel, der seit Jahren als Damoklesschwert über unserer gesamten Gesellschaft schwebt, macht auch keinen Halt vor den Unternehmen, und gerade der deutsche Mittelstand zollt dem nicht genug Beachtung.

Nachfolgeunsicherheit, drohender Wissensverlust, alternde Mitarbeiter, psychosoziale Belastungen und Gefahren am Arbeitsplatz sowie eine fehlende Balance zwischen Arbeit und Privatem führen in einem gefährlichen und explosiven Mix zum nächsten brisanten und ungelösten Thema, nämlich dem der überaus ungesunden Arbeitsbedingungen, die Alt und Jung glei-

18

chermaßen belasten, dabei aber nur die Spitze des Eisberges darstellen.

Hierzu gehören in Deutschland heute längst nicht mehr Lärm, Schmutz und Platzmangel, Aspekte, die weitestgehend durch den Arbeitsschutz und die Arbeitssicherheit abgedeckt und entsprechenden Kontrollen unterzogen werden. Es sind vielmehr diejenigen Verhältnisse und Faktoren, die weit schwerer messbar sind und sich dennoch stark auf die Psyche der Mitarbeiter auswirken.

Zu **ungesunden Arbeitsbedingungen** dieser Art zählen zum Beispiel:

➢ hohe Verantwortung Einzelner bei gleichzeitiger fehlender Einflussnahme, zu geringen Handlungsspielräumen und kaum Entscheidungsgewalt bzw. Selbstbestimmung;

➢ Arbeitsverdichtung und Umverteilung auf weniger Mitarbeiter bei steigenden Anforderungen und enormem Leistungsdruck (jährlich höhere Ziele mit fehlendem Realitätsbezug);

➢ Prozesse, Strukturen und Schnittstellen, die nach großen Veränderungsprozessen und Strukturwandel ungenügend angepasst werden;

➢ zu wenig Unterstützung der Unternehmensführung bei operativen Missständen;

➢ konkurrierende berufliche und private Interessen, mangelnde Möglichkeit der Erholung;

➢ zeitlich ungünstig liegende Arbeitstreffen und Konferenzen ohne Struktur/Agenda mit fehlender Vor- und Nachbereitung und häufig mit intransparent ausgewähltem Teilnehmerkreis;

➢ Führungsschwächen, Managementfehler und persönliche Defizite Einzelner, die weder aufgedeckt noch abgestellt werden und zu keiner Konsequenz führen;

➢ chaotische Nachfolgeentscheidungen ohne angemessene Vorbereitung der Nachwuchskräfte auf Leitungs-/Steuerungsfunktionen;

➢ Anwerbung und Neueinstellung von hochpreisigen, hochqua-

lifizierten und hochrangigen Steuerungspersonen, die, einmal an Bord, in der Arbeitsumgebung und Unternehmensrealität zu Mitläufern und Nicht-Mitdenkern herabgewürdigt werden;
- ➤ zu kurze Managementzyklen (in einer Position zwischen ein und zwei Jahren); in der Konsequenz fehlende Nachhaltigkeit und Verantwortung einzelner Führungskräfte;
- ➤ negatives Arbeitsklima ohne Wertschätzung, geprägt von Misstrauen, ungelösten Konflikten und zu vielen kritischen Belastungsfaktoren;
- ➤ negative Fehlerkultur mit Schuldzuweisungen und ohne positive Lernerfahrung und Protokollierung des Falles mit entsprechender Lösung;
- ➤ interpersonelle Rollen- und Interessenskonflikte;
- ➤ inadäquate, unrealistische Ziele und Konzepte bzw. ambivalente, sich gegenseitig widersprechende Anforderungen (oft in Matrixorganisationen oder zum Beispiel bei Einzelzielen versus Teamfähigkeit im Vertrieb);
- ➤ hohes Maß an Kontrolle durch Berichte und Statusabfragen. Komplexe administrative Tätigkeiten bestimmen das Tagesgeschäft, erschweren oft einfachste Arbeitsabläufe und nehmen der eigentlichen Aufgabe Sinn und Raum;
- ➤ als sinnlos erlebte Maßnahmen ohne Bezug, Beständigkeit und Nachvollziehbarkeit;
- ➤ Präsentismus in Form von Anwesenheit trotz Krankheit birgt einen höheren Schaden als Abwesenheit und führt, auch bedingt durch entsprechendes Lob, zu einer Präsenzkultur, zu der auch die Anzahl der Arbeitsstunden sowie die Anwesenheit bis in die Abendstunden gehört. Was zu einem künstlich gefärbten Bild führt, da nicht die Leistung als solche betrachtet wird.

Alle diese Faktoren haben einen erheblichen Einfluss auf die Leistungsfähigkeit, die Arbeitsleistung und Produktivität, Identifikation und Motivation und führen zu psychosozialen Auswirkungen großen Ausmaßes.

Man unterscheidet zwischen allgemeinen Arbeitsbedingungen (Arbeitsplatzgestaltung, -mittel und -umgebung), Arbeitsorganisation (Strukturen und Prozesse), Arbeitsatmosphäre (Klima, Kultur, Zusammenarbeit, Kommunikation, Konflikte) und Arbeitsbelastung (Belastung des Einzelnen, Workload, Vereinbarkeit Familie und Beruf).

Auch die Führungskraft und Führung im Allgemeinen sind eine »Arbeitsbedingung«. Neuste Mitarbeiterumfragen lassen die Ableitung zu, dass fast alle Belastungen auf diese Arbeitsbedingung runterzubrechen sind. Damit ist Führung *die* Arbeitsbedingung und gleichzeitig *die* Chance für einen gesünderen Umgang miteinander, denn alle aufgezählten Faktoren liegen im Einflussbereich von Führung und können positiv verändert werden.

Unsicherheiten, Ängste, unterdrückte Bedürfnisse, Tabus, alte Verletzungen sind im verborgenen, unausgesprochenen Bereich und schwelen auf der Psychosozialen Ebene vor sich hin. Sie führen zu Erschöpfung, Überforderung, Überlastung, zu Erkrankungen wie Tinnitus, Hörsturz, Burnout, Rückenleiden und anderen stressbedingten Leiden und bewirken eine permanente Erhöhung der Kurzerkrankungen und Langzeitausfälle sowie auch vermehrt zu Frühverrentungen und Berufsunfähigkeiten.

Die junge Generation antwortet auf diese Themen teils mit Protest, teils mit neuen Arbeitsvorstellungen hin zu mehr Privatleben und weniger Macht- und Statussymbolen. Für junge Menschen ist häufig das Thema der harmonischen Balance zwischen Arbeits- und Privatleben eine Voraussetzung für ihre Arbeitsleistung und viele Überstunden um der Karriere wegen sind nicht attraktiv genug, ebenso wenig wie Position und Materielles.

Unter diesen Aspekten scheint es noch elementarer und wichtiger, sich der Themen mit angemessenem Fokus zu widmen.

Auch Männer sind zunehmend unzufrieden mit den **Beschäftigungsverhältnissen** und die erhöhte Anzahl an Anträgen auf Elternzeit bestätigen mehr als nur einen Trend zugunsten der sozialen Strukturen.

Private Lebensumstände und Arbeitsbedingungen und die jeweiligen Rahmenbedingungen und Anforderungen kann man nicht mehr voneinander trennen. Obwohl dies bisher praktiziert wurde, hat dieses Modell, weil es ein künstlicher, mitunter ignoranter, sehr einseitiger und nicht realisierbarer Weg war, ausgedient.

Frausein in der aktuellen Lage

Frauen werden und sind bereits aufgrund des demografischen Wandels eine wichtige Plangröße in Unternehmen. Frauenförderprogramme sind darauf ausgerichtet, Frauenentwicklung zu fördern und Frauen in Führungspositionen zu befördern.

Als wertvolle zahlenmäßige Ressourcenvariante für vorhandene, potenzielle und zukünftige Fach- und Führungspositionen ziehen Frauen ein großes Interesse auf sich.

Ihre guten Ausbildungsergebnisse und die Tatsache, dass Frauen aufgrund weiblicher Kompetenzen wie Konsensbildung, Harmonisierung von Interessen etc. immer gefragter sind, runden diese Faktenlage positiv ab. Auch wegen der Führungsunterschiede, vor allem in Toppositionen, hauptsächlich bezüglich der geringeren Risikobereitschaft sowie einer umsichtigen Entscheidungsfindung, können Unternehmen immer weniger auf Frauen verzichten.

Weiterhin sind Frauen als Kundinnen immer begehrter: als Beeinflusserinnen von Kaufentscheidungen bzw. als Käuferinnen, Konsumentinnen, Immobilienbesitzerinnen und Eigentümerinnen aufgrund der größeren Kaufkraft. Und aus dieser Erkenntnis heraus macht es auch Sinn, Frauen für die »andere Seite«, nämlich in Vertriebs- und Marketingpositionen und verstärkt in der Produktentwicklung zu gewinnen, um der ansteigenden weiblichen Zielgruppe gerecht zu werden.

Zusammenfassend bedeutet dies zweifellos, dass Frauen von den Unternehmen gebraucht werden. Frauen werden dabei aber kaum gefragt, was *sie* brauchen und wollen und was angebrachte Beschäftigungsbedingungen und -modelle für sie wären. Nie war die Zeit besser, um ihrerseits Forderungen zu stellen und klar in Erscheinung zu treten.

Als multiple Zielgruppe sind Frauen nicht beliebter, aber attraktiver geworden und es ist an der Zeit, den Raum einzunehmen, der vorhanden ist und den Frau gewinnbringend ausfüllen kann.

Es ist an der Zeit, aus der Warteposition herauszutreten, sich der Verantwortung zu stellen und dabei einzustehen für die eigenen Wünsche und Bedürfnisse, sowie klare Ziele zu entwickeln und zu formulieren.

Angesichts dieses glücklichen Umstands, aber auch der damit verbundenen Anforderungen an Frauen gibt es einen oft noch unausgesprochenen, gleichwohl vorhandenen Ruf nach mehr Weiblichkeit in der Unternehmenswelt, sowohl im Umgang miteinander als auch in der Lösungsfindung und bezüglich neuer Strategien und Konzepte.

Auf Basis dieses Ist-Zustandes sind Frauen mehr denn je aufgefordert und in der Lage, die aktuellen Herausforderungen zu meistern.

Bisher sind Frauen mehr oder weniger angepasst im Hintergrund geblieben. Wenn nun ein klares Statement gegen die gängigen, krankmachenden Arbeitsbedingungen genau aus der Ecke kommt, aus der man es am wenigsten erwartet, wird das die Unternehmen und unsere Gesellschaft überraschen. Doch sobald Frauen für diese genannten Missstände entsprechende Lösungen und alternative Konzepte entwickeln und damit bis in die Unternehmensführung durchdringen, kann sich Maßgebliches verändern und ethisch vertretbarer Erfolg innerhalb einer gesunden Unternehmenskultur verwirklicht werden.

In der Geschlechterdynamik sind es immer die Gegensätze, die zu einer Harmonie führen. Erst die Vereinigung von geschlechtlichen Aspekten, zum Beispiel durch eine Aufteilung der Bereiche, in denen jeweils entweder mehr das männliche Prinzip gefordert oder die weibliche Qualität zielführender ist, führt hier zu dem ersehnten und notwendigen Erfolg und wird den aktuellen Themen und Herausforderungen gerecht.

In der Theorie ist dieser gemeinsame Weg bereitet. In der Praxis sind Frauen nun aufgefordert, deutliche erste Zeichen zu setzen, sich Gehör zu verschaffen und sich selbstgestaltend und proaktiv der aktuellen Fragen anzunehmen.

Und innerhalb der Unternehmen muss eine Bewusstseinsebene erreicht werden mit der Etablierung einer gewinnbringenden und wohlwollenden Plattform und Haltung, die Männer und Frauen in ihrer jeweiligen Art und Qualität mit sehr unterschiedlichen Eigenschaften, Anforderungen, Wünschen, Befindlichkeiten und (An-)Sprachen anerkennt und sich der Veränderungsprozesse hin zu einer integrativen, stärker weiblich orientierten Unternehmenskultur stellt.

Die Ära, in der private Lebens- und Arbeitsbedingungen sowie die dazu gehörigen Randbedingungen und Anforderungen als voneinander getrennt bzw. sich gegenseitig ausschließend betrachtet wurden (im Sinne der Dualität), ist vorbei.

Ideale Beschäftigungsverhältnisse von Frauen beinhalten:

➢ flexible Gestaltung der Arbeitszeit mit individuellen und kreativ an das jeweilige Lebensmodell angepassten Arbeitszeitmodellen;

➢ volle Selbst- und Mitbestimmung;

➢ individuelle Wege mit Erfolg und Spaß statt vorgegebener Standardmodelle;

➢ Verfolgung eigener Ziele in Harmonie mit den Unternehmenszielen;

➢ am Ziel statt an Arbeitszeit/Anwesenheit orientierte Beurteilung;

➢ interessante und sinnvolle Inhalte und Betätigungsverhältnisse;

➢ Möglichkeit der Selbstverwirklichung;

➢ ausgeglichenes Privatleben und harmonische Vereinbarkeit aller Aspekte des Lebens mit der Arbeit;

➢ Möglichkeit, über ausreichend Zeit für alles Relevante zu verfügen;

➢ neue Spielregeln und einen fairen Umgang am Arbeitsplatz.

Spätestens seit Frauen aufgrund des demografischen Wandels und jüngster politischer und sozialgesellschaftlicher Entwicklungen im Fokus von Personalentscheidungen stehen und damit zur Zielgruppe geworden sind, ist es sinnwidrig und bizarr, diese Zielgruppe nicht als solche wahrzunehmen, nämlich in ihrer Abgrenzung zum männlichen Geschlecht und in der besonderen Herausforderung ihrer Lebensbedingungen.

Lösungen können auch nur von Frauen selbst und gemeinsam mit Repräsentantinnen *aller* Lebens-/Arbeitsmodelle entwickelt werden. Nur die ausgewogene Stimme der Frau, die mutig eigenes Gedankengut einbringt, ethisch Unvertretbares zur Sprache bringt und sich nicht mehr einreiht, sondern aus dem Rahmen fällt, kann an dieser Sollbruchstelle in unserer Gesellschaft Bedeutendes bewegen und umsetzen.

Das Weibliche wird sich als Qualität, Prinzip und wichtiges Element für in Zukunft besser aufgestellte Unternehmen mit einem neuen Einfluss und neuer Kraft stärker denn je einbringen und damit für einen nötigen Ausgleich in angebrachter bzw. adäquater Form sorgen.

Bekenntnis für mehr Menschlichkeit

Bei all den genannten aktuellen Unternehmensthemen spielen die Kognitionen (Einstellung, Bewertung, Gedanken) und die Emotionen eine übergeordnete Rolle. Und genau diese werden in der aktuell männlich geprägten Unternehmenskultur weitestgehend ausgeblendet. Aber auch Ausgeblendetes ist weiterhin vorhanden und wirkt fort. Da Emotionen die Angewohnheit haben, genau *wenn* und *weil* sie verdrängt werden, sich erst recht bemerkbar zu machen, sind die unterdrückten unerwünschten Emotionen allseits gegenwärtig und es kommt zu einer hohen emotionalen Aufgeladenheit. Diese lässt sich nicht nur in Ausnahmezuständen wie Krisen, Entlassungen, Restrukturierungen, sondern auch bei »normalen« Arbeits-Alltagssituationen, also zum Beispiel in Konferenzen, wahrnehmen.

Es »menschelt« also und Unternehmenskulturen versuchen, genau gegen diese Tatsache anzusteuern. Es soll weniger statt mehr »gemenschelt« werden.

Führungskräften wird nahegelegt, in Krisen ein Pokerface aufzusetzen und gegenüber den Mitarbeitern nichts durchblicken lassen von den eigenen Einstellungen und Gefühlen, zum Beispiel, wenn sie selbst nicht hinter drastischen Maßnahmen stehen.

Diese Unechtheit und *Inkongruenz*[2] bemerken die Mitarbeiter aber und fühlen sich als Erwachsene und wichtiger Bestandteil der Unternehmenswelt nicht ernst genommen.

In finanziellen und wirtschaftlichen Krisen neigen Unternehmen dazu, sich nur den personellen Teil der Kosten anzusehen, und blenden dabei unter anderem aus, dass, wenn es zu Entlassungen/Personalabbau kommt, genau der menschlich herausfordernde Teil, indem er ausgeblendet wird, sich besonders bemerkbar macht.

Er kann umgekehrt jedoch einen Teil der Lösung beinhalten.

Wie soll man als Mitarbeiter verkraften, dass man dableiben darf, während der Kollege oder ganze Teams entlassen wurden und man nicht darüber reden darf? Wie soll man zur Tagesordnung übergehen, wenn systemisch so viel verändert wurde, dass es zu erheblichen Lücken kommt, sowohl im arbeitstechnischen als auch zwischenmenschlichen Bereich?

In welcher Weise soll man sich identifizieren mit einem Unternehmen, in dem die eigenen Emotionen keinen Platz haben und Ausdruck finden dürfen, also ausgeschaltet werden sollen, und wie sollen Mitarbeiter echte Loyalität entwickeln in diesen prekären Zeiten?

Emotionale Unterstützungsarbeit in Form von Arbeitsgruppen und Foren, die sich diesem Thema widmen, sind angebracht. Kollegialer Austausch unter denen, die im Unternehmen bleiben, ist ebenso erforderlich wie (soziale) Unterstützungsangebote für die, die das Unternehmen verlassen müssen.

Was die Menschen bewegt und berührt, muss zum zentralen Thema gemacht werden, denn es *ist* das zentrale Thema.

Dies auch unter dem Aspekt, dass *vor* größeren Umstrukturierungen Energien geblockt sind durch die Auseinandersetzung mit den eigenen Unsicherheiten und Ängsten, *nach* den Veränderungsprozessen wiederum durch die neue Situation und eine damit einhergehend benötigte Anpassungsfähigkeit, die bedingt, dass Mitarbeiter den Weg mitgehen/mitgegangen sind.

Das ist jedoch nur unter der Voraussetzung möglich, dass die Mitarbeiter überhaupt abgeholt und mitgenommen wurden und sie zum Ausdruck bringen dürfen, was die Veränderung, der Abschied vertrauter Kollegen und das Neue, das auf sie zukommt, mit ihnen gemacht hat.

Der Umgang mit Veränderungsprozessen und vor allem die

Vorbereitung dessen sollten also umsichtig, achtsam, respektvoll und wertschätzend sein.

Es fehlt an menschlicher Nähe und Bindung, obwohl genau diese aus der Krise führen können. Menschen können viel ertragen, entbehren und als notwendig akzeptieren. Aber sie müssen wissen, was warum und wie von ihnen erwartet wird, und sie müssen sich als wichtiger Teil des Prozesses empfinden.

Change Management hat vor allem mit Menschen und Nachhaltigkeit zu tun. Es steht und fällt daher mit den handelnden und betroffenen Personen und deren Kommunikations- und Konfliktfähigkeiten.

Damit das, was ohnehin unter der Oberfläche köchelt, endlich nach oben kommen darf, um gesehen, beachtet zu werden, und dann die Chance hat, positiv transformiert zu werden, braucht es emotionale und emotional stabile Führungspersönlichkeiten, die Emotionsarbeit leisten können und wollen.

Frauen, die Emotionalität eher entschleiern und von ihrem Wesen her dazu neigen, Emotionen weniger zu verdrängen, sind diejenigen, die in Veränderungsprozessen auch mit emotionaler Kompetenz durch die Krise führen können, die auftauchende Aggressionen und Unsicherheiten auffangen und die, wenn schon in der Sache hart durchgegriffen werden muss, im Umgang angemessen weich und flexibel reagieren können.

Im Kontext eines Wertewandels sind psychosoziale Anlaufstellen genauso wichtig und empfehlenswert wie selbstorganisierte und gesteuerte Interessensgemeinschaften und spezielle themenbezogene Klausurtagungen, die der sozialen Verantwortung gerecht werden.

Ebenso müssen betriebliche Abläufe, Strukturen, Schnittstellen, Kommunikationswege, aber auch der Umgang mit Leistung sowie vorhandene Anreizmodelle durchleuchtet und in eine gesunde konstruktive Richtung verändert/angepasst werden.

Eine gesunderhaltende und menschliche Arbeitsatmosphäre enthält auch eine gesteuerte, durch Beratung begleitete Führungsreflektion und eine konsequente Integration der Thematik »Belastungen und Wohlgefühl« in den Arbeitsalltag. Verbunden damit sind konkrete Leit- und Handlungsfäden für Führungskräfte im Umgang mit überlasteten Mitarbeitern und »Gesundheitsgerechte Führung« als fester und verpflichtender Bestandteil von Führungsaus- und weiterbildung zu etablieren.

Unternehmensleitung und Mitarbeiterführung muss wieder zu einer ehrenhaften und mit Würde ausgefüllten Rolle werden, in der die Übernahme von Verantwortung und dazugehöriges Verantwortungsbewusstsein als Grundvoraussetzungen verankert sind.

Führung muss wieder beinhalten, das Wohl aller im Auge zu behalten, Lösungsstrategien unter diesem Aspekt abzuleiten und dabei stets ein ethisches Verständnis und Gewissen zu verinnerlichen.

Führungskräfte müssen sich wieder der eigenen Handlungen und damit des Zusammenhangs von Ursache und Wirkung bewusst werden und ungesunde Verflechtungen wahrnehmen.

Zu einer ausgewogenen sozialen Arbeitsumgebung gehören Leichtigkeit, Offenheit, Freundlichkeit, Umsicht, Weitblick, Nachhaltigkeit, gegenseitige Anteilnahme und Mitgefühl, Fürsorge, Stärkung der Gruppe im Sinne von mehr Kooperation und gegenseitiger Unterstützung, ein sensibler Umgang miteinander sowie die Integration aller damit verbundenen relevanten Themen.

Statt Lippenbekenntnissen, die mittels teuer erworbener Vorschläge von Agenturen und/oder Unternehmensberatungen niedergelegt werden und nur auf dem Papier existieren oder auf Plakaten die Unternehmenswände schmücken, geht es um eine neu gelebte Unternehmensphilosophie, die ernsthafte Absichten und einen Einstellungswandel beinhaltet hin zur Entwicklung von mehr Menschlichkeit.

Das fängt an mit der Befähigung der handelnden Akteure im Sinne von Selbstreflektion und Aufarbeitung der eigenen Defizite in diesem Kontext sowie einer bedarfs- und kontextbezogenen Schulung (mit Modulen wie z.B. Umgang mit Konflikten im Team, *Change Management*, gesundheitsfördernde Kultur, gesunde Gesprächsführung und Dialoge, Führungskraft als Coach, emotionale Unterstützungsarbeit etc.).

Von den leisen Tönen

Unsere Welt wird lauter und der Anpassungsdruck auf die eher leisen, unauffälligen, introvertierten Menschen immer größer.

Lauter, schneller, weiter sind nur einige der dynamischen Aspekte unseres Lebensalltags und es bleibt kaum Raum für Stille.

Dabei haben leise Töne nicht weniger Relevanz und weniger Bedeutung. Sie werden aber gerne überhört. Nur wer sich in Diskussionen, Präsentationen, Konferenzen durchsetzen, behaupten, positionieren kann und (sich) entsprechende Beiträge liefert, fällt auf.

Sich verkaufen und vermarkten, Eigen-PR/Selbstmarketing, sich sichtbar machen etc. – *das* sind die Schlagworte unserer unvollkommenen, einseitig inszenierten Arbeitswelt, die alternative Versionen »aus dem Rennen« drängen.

Jemand, der mit großem Auftritt »etwas zu sagen hat«, wird in den Unternehmen automatisch für einen Menschen gehalten, der sagt, wo es lang geht, also ein Entscheider ist.

Aber haben die Menschen, die etwas sagen, wirklich etwas zu sagen? Welche Inhalte werden da tatsächlich vermittelt? Und sagen heutige Entscheider tatsächlich, wo es langgeht?

Frauen, die von ihrem Naturell her eher außerhalb der hierarchischen Ordnung denken und empfinden, sind unabhängig von deren Funktion oft enttäuscht von den Personen, die etwas sagen, und von dem, was sie sagen. Sie können dafür oft keine Ankerkennung aufbringen. Denn es verhält sich bedauerlicherweise in der Regel so, dass gerade jene Menschen laut und redsam in Meetings sind, die wenig (Bedeutendes) zu sagen haben.

Diejenigen, die wirklich etwas zu sagen hätten, nämlich inhaltlich Relevantes, halten sich immer wieder im Hintergrund, auch weil es in der Unternehmenswelt zum System gehört, an geeigneter Stelle *irgendetwas* zu sagen, unabhängig von den eigentlichen Inhalten, also einfach einen (banalen) Beitrag zu leisten.

Noch dazu müsste man sich, bevor es überhaupt dazu kommt, verbal und tonal durchsetzen. »Große Töne spucken« ist also arbeitsalltäglich höchst gewollt und führt entsprechend zu Belohnung, Anerkennung und positiver Verstärkung.

Aus privaten Beziehungen weiß man, dass die Diskussionen und Gespräche mit zunehmender Lautstärke und Menge an Worten nicht unbedingt besser, klärender, wertschätzender und wertvoller werden. Gerade in der Paartherapie wird darauf aufmerksam gemacht, dass es bei Auseinandersetzungen meistens zwei Redner und keinen Zuhörer gibt, und man setzt auf Kommunikationsregeln, in denen beide Qualitäten vermittelt und gelernt werden.

Paare sollen lernen, sich gegenseitig Raum zu lassen und sich in regelmäßigen Zwiegesprächen wieder sprachlich aufeinander einzulassen. Dabei erhält jeder abwechselnd dieselbe Kommunikationszeit und kann diese höchst persönlich und individuell nach der eigenen Art und dem eigenen Empfinden nach füllen und gestalten.

Wir haben weitestgehend die Zuhörqualität und den Sinn für Bedeutendes verloren. Obwohl wir funktionierende Ohren haben, hören wir nicht mehr (richtig) zu. Unser Ohr ist nicht mehr geöffnet für wichtige Botschaften des Gegenübers. Zu oft wurden wir enttäuscht hinsichtlich großer Worte, die sich als leere Versprechungen und Lügen entpuppten.

Worte werden zunehmend dafür eingesetzt, Macht auszuüben, zu punkten, zu gewinnen und nur für den entscheidenden Moment die eigene Position zu festigen.

Wir werden an Worten in dem Moment gemessen, in dem sie fallen, nicht jedoch an den messbaren Auswirkungen des Gesagten. Die Taten, die den Worten folgen (sollten), geraten in den Hintergrund.

Hinzu kommt: Wenn ich nur mit meinen eigenen Zielen und

Interessen beschäftigt bin, habe ich das Interesse am Zuhören verloren.

Zum Zuhören benötige ich Zeit, Stille und echtes Interesse, also Bereitschaft, hinzuhören, herauszuhören und wiederzugeben, was der andere gesagt hat, statt davon auszugehen, irgendwie schon gehört zu haben, was der andere meint.

Es ist kein Zufall, dass immer mehr arbeitende Menschen an Tinnitus, Hörsturz und Hyperakusis (Geräuschüberempfindlichkeit) erkranken. Das äußerst stresssensible Ohr, in seiner Funktion dafür da, tonale Harmonien und Disharmonien zu orten und einer potenziellen Gefahr vorzubeugen, ist überfordert und findet keine Ruhe und Sicherheit mehr; es hat einen Überfluss an Kommunikation und Information zu verarbeiten.

Mehr und mehr Menschen fühlen sich »zugetextet« und reagieren verzweifelt mit Rückzug oder Aggression.

Wir haben schon bei Mails immer mehr Probleme, Relevantes von Unwichtigem zu unterscheiden, da so viel »Spam« im Umlauf ist und unsere natürlichen, angeborenen Filter (wie die hauseigenen Softwareprogramme) kaum noch hinterher kommen.

Im Gesprächskontext sind auch Schweigen und nonverbale Verständigung eine Form der Kommunikation und können manchmal auf eigene Weise den Unterschied machen oder eine positive Wendung auslösen.

Vor allem, wenn man sich in kritischen Situationen bewusst (und nicht unbewusst aus Not heraus, zum Beispiel aus Angst und der Unfähigkeit, zu reagieren) für das Schweigen entscheidet, hat man die Situation bereits maßgeblich beeinflusst.

Je nach Lage trägt man zur Verunsicherung der Gesprächsteilnehmer bei, die diese Redepause auf die ein oder andere Weise zu spüren bekommen und darauf eingehen müssen. Auf verletzende, angreifende Worte kann man mit schlichtem Schweigen zum Ausdruck bringen, dass man dem Gesagten keine Bedeutung beimessen möchte und/oder mit dem Gesagten in keinster Weise einverstanden ist. Eine entsprechende Mimik und Körpersprache untermauern, dass man kein Wort darauf verschwenden will.

Ist man jedoch nicht auf Angriff und Abgrenzung aus, dann erfährt man gerade in der Stille und im Beobachten eine ganz neue Welt. Indem ich etwas auf mich wirken lasse, ohne gleich verbal zu reagieren, schärfe ich meine Wahrnehmung und Aufmerksamkeit.

Ich verlasse die Ebene dessen, was sich offensichtlich in den Vordergrund drängen möchte, bewege mich hin zu dem, was in den Zwischenräumen passiert.

Sind es nicht auch die unsichtbaren, ungeschriebenen Wörter, die man in Briefen und Büchern »zwischen den Zeilen« herausliest?

In gut konzipierten systemischen Teamworkshops werden oft genau diese Aspekte genutzt und die Aufgaben zum Beispiel bei Outdoor-Aktivitäten so verteilt, dass gerade für diese stillen, leisen Töne wieder Wertschätzung erfahren werden kann. Denn plötzlich nützen markige Worte nichts mehr, sondern die leisen Aktivitäten und tatsächlichen Taten werden zum Auslöser eines funktionierenden Systems.

Ursprünglich war es auch Aufgabe des Entscheiders und Vorgesetzten, den eigenen Mitarbeitern zuzuhören und Ruhe herzustellen bei zu großer Unruhe. Ebenso wie im persönlichen Umfeld tut es auch im Arbeitsalltag gut, tröstende, berührende Worte zu hören.

Manchmal erreichen uns eher die leisen Töne, weil sie so ungewohnt geworden sind und uns oft direkt an einem sensiblen Kern treffen.

Leise Töne beruhigen und haben etwas Andächtiges. Gerade Führungskräfte und Entscheider sollten einmal das Wagnis eingehen, klug innezuhalten und etwas leisere Töne anzuschlagen. Sie sollten öfter darauf achten, auch denjenigen ganz selbstverständlich »Gehör zu verschaffen«, die eher mild in ihren Äußerungen und zurückhaltend in ihrem Auftritt sind, dafür aber ein gutes Gespür für die Zwischentöne und das Wesentliche haben.

Hier passt auch der Ausdruck »das leise Gefühl« haben. Oder: Jemand hört »auf seine innere Stimme«.

Nicht jeder, der etwas sagt, hat auch tatsächlich etwas zu sagen, und dass er trotzdem redet, macht ihn nicht zu einem besseren Mitarbeiter. Manch ein Mitarbeiter, der schweigt, hat dagegen vieles zu sagen und liefert heimlich, still und leise mit Kontinuität sehr gute Leistung oder wirkt im Hintergrund.

Gerade unangenehme Dinge sollte man behutsam in die Teams einbringen.

In einer Zeit der großen Worte und Lügen ist es angebracht, seine Worte gut zu wählen, denn die Mitarbeiter vertrauen nicht mehr ohne weiteres auf Führungskräfte und deren Worte.

Frauen könnten es schaffen, die laute und schnelle Kultur positiv zu erweitern durch einen »leiseren« Umgang mit anderen Menschen. Dazu gehört es, sich die Zeit zu nehmen für menschliche Zwischentöne und im Umgang miteinander wieder mehr Sicherheit zu gewinnen.

Sobald wir wieder auf den Moment achten, uns gegenseitig mehr Zeit und Aufmerksamkeit schenken, wird die emotionale Bindung zueinander verstärkt und der Austausch ehrlicher.

Denn dann findet wieder echter Austausch statt und wir beziehen uns wieder aufeinander im eigentlichen Sinne von Beziehung und Begegnung.

Verbundenheit unter Frauen

Der Begriff der Solidarität ist eher männlich geprägt. Man kennt ihn historisch vor allem aus Politik, Kriegsführung und strategischen Allianzen.

Männliche Solidarität ist oft gekennzeichnet von gemeinsamen Win-win-Situationen und dadurch, dass man sich zeitweise oder themenbezogen parteiisch zeigt, solange man einen eigenen Vorteil daraus zieht.

Nach der Frauenbewegung in den 60er Jahren, in denen Solidarität hochgehalten wurde, haben Frauen auf breiter Front und auf allen Ebenen für ihre eigenen Interessen gekämpft. Es gab solche, die für die Sache gemeinsam gekämpft und damit uns modernen Frauen den Weg geebnet haben, aber auch solche, die sich sowohl im sozialen und innerfamiliären Umfeld als auch in der Unternehmenswelt durchgesetzt haben und dabei einsame Kämpfe ausfochten.

Auf der Unternehmens-Ebene standen Frauen oft in Konkurrenz zueinander, wenn es darum ging, sich in männlich dominierten Umgebungen zu behaupten und zu positionieren. Das zieht sich bis heute wie ein roter Faden durch und hat zu Feindseligkeiten untereinander geführt.

Frauen, die sich verstärkt auf ihre eigenen Themen zurückgezogen haben und im Beruf am Mann orientierten, haben es in diesen rauen Zeiten verlernt, zusammenzuhalten und sich gegenseitig zu unterstützen, obwohl Frauen von ihrem Wesen her eine überaus große Unterstützungsbereitschaft mitbringen sowie einen integrativen Team-Ansatz, was sie Erfolge gern teilen lässt.

Stattdessen kommt es auch bei Frauen verstärkt zum Einsatz der Ellenbogen, zu gegenseitigen Ausgrenzungen und Abwertungen.

Frauen arbeiten nicht unbedingt gegeneinander, aber sie beachten einander zu wenig im Gerangel um Anerkennung und fördern und unterstützen sich nicht genug gegenseitig. Man spürt eine gewisse Misstrauens-Qualität untereinander und Frauen arbeiten insofern in Teilen gegen die Natur ihrer Sozialisation. Manchmal erheben sich Frauen, die Erfolge in der Unternehmenswelt für sich erzielen konnten, über ihre Geschlechtsgenossinnen. Andere Male machen sich Frauen aber auch kleiner, als sie sind, um sich mit den schwächeren Frauen zu solidarisieren, was zulasten der eigenen Potenziale geht.

Dabei könnten wir Vorbild für mehr Miteinander und einen friedlichen Zusammenhalt sein.

Frauen fühlen sich nicht nur auf unterschiedlichste Weise unter Druck gesetzt, sondern wir setzen uns auch untereinander unter Druck. Unter anderem sind wir in Deutschland in der Karriere-Kind-Thematik und zuletzt auch in der Quotenregelungsdebatte erheblich und unversöhnlich gespalten.

Solange in den Köpfen und Herzen von Frauen bei diesen uns betreffenden Themen polarisiert wird und wir in der Diskussion nicht gemeinsam vorangehen, sondern uns (ab-)spalten in stark auseinanderliegende Pole, können wir keinen Zusammenhalt aufbauen und es kommt zu Missverständnissen und gegenseitigen Abwertungen.

Frauen haben grundsätzlich die Fähigkeit zur Solidarität, aber analog zum Begriff der Macht brauchen wir auch hierfür eine eigene, neue und andere Begrifflichkeit.

Wenn wir also – wie zuvor beschrieben – gesehen werden wollen, müssen wir anfangen, zunächst uns selbst und dann andere Frauen zu sehen, wahrzunehmen, anzuerkennen und wertzuschätzen als Verbündete im Geiste und im Herzen.

Bei Vorträgen und in Konferenzen neigen Frauen im Allgemeinen dazu, Zustimmung in Form von Nicken bzw. Aufmunterung durch Lächeln zu zeigen. Sie lassen damit den Redner teilhaben an Aspekten ihrer Gedanken und Gefühle oder wollen damit signalisieren, dass er sich wohlfühlen darf in seiner Rolle. In jedem Fall sind dies unterstützende Gesten. Sie demonstrieren auf die eine oder andere Art ein »Ich sehe dich«.

Frauen stellen im Anschluss an Vorträge meist Interessenfragen, um das Thema zu vertiefen oder um zu zeigen, dass sie verstanden haben.

Männer – stereotyp gesehen – hingegen lassen den Redner im Unklaren und zeigen wenig Zustimmung oder insgesamt Mimik beim Zuhören. Es sind auch meist Männer, die kritische Fragen stellen oder Einwände formulieren. Oft stellen sie die thematische Haltung des Redners, vor allem der Rednerin, ganz in Frage und versuchen zumindest in Teilen, diese zu verunsichern.

Beobachtungen und Studien haben sich mit diesem geschlechtlichen Phänomen auseinandergesetzt. Auch ich kann diese Beobachtungen zu 95 % teilen.

Umso erstaunlicher erscheint es mir, dass ich bei jüngsten Vorträgen zu den Themen *Solidarität unter Frauen* und *mehr Weiblichkeit im Beruf* gerade von Frauen eher männlich geprägte Reaktionen erhalte.

Diejenigen, die erstmals mit dem Thema konfrontiert sind, nicken nicht, lächeln nicht, sondern schauen sehr kritisch und eher unzustimmend bis negierend. Auf Nachfrage hin fühlen sie sich gewissermaßen ›ertappt‹ und beschäftigen sich stark mit der Frage, was mit ihnen in Bezug auf dieses Thema los ist und geschieht. Sie fragen sich, was bei ihnen an Weichheit, Weiblichkeit, Eleganz und Ausstrahlung übrig geblieben ist und wie der eigene Umgang mit anderen Frauen sich gestaltet.

Wenn das **Weibliche Prinzip** wieder gewürdigt und gesehen wird, ist es zur weiblichen Solidarität nicht mehr weit.

Denn erst, wenn wir die Frau in uns selbst anerkennen und wertschätzen, können wir das auch mit anderen Frauen erleben. Anderenfalls wollen wir die weiblichen Anteile in anderen Frauen auch ausblenden und nicht wahrhaben. Damit sind wir im Widerstand gegen alles Weibliche – und dieser Widerstand blockiert uns, er richtet sich gegen uns selbst und alle Frauen. Wir wehren uns damit gegen einen grundlegenden Aspekt unseres Selbst.

Der Widerstand gegen unser Frausein führt zu Frustration, Schmerz, Kampf und macht uns einsam, denn da, wo wir die größten Schätze an Solidarität erfahren und erleben könnten, sind die Türen geschlossen. Somit kann keine hinein, aber auch keine hinaus und wir blockieren uns selbst. Frauen brauchen Gemeinschaftssinn, Wärme, Frieden und Zusammenhalt, um diese wiedergewonnenen Aspekte auch zurück in die Unternehmenswelt zu führen, wo sie ebenso gebraucht werden.

In diesem Zusammenhang müssen wir uns fragen, wie es zu einer echten (ich nenne sie) **Frauenkulturförderung** und »diversen« Weiblichkeitskultur, in der ausnahmslos alle Lebensmodelle von Frauen willkommen und akzeptiert sind, kommen kann, einer integrativen Kultur, in der Frauen selbst jedes Lebens- und Arbeitsmodell anderer Frauen akzeptieren.

Was sind unsere gemeinsamen Berührungspunkte und wo sind wir tatsächlich miteinander verbunden?

Indem wir anerkennen, dass wir Frauen sind und uns nicht immer solidarisch mit anderen Frauen verhalten, zeigt sich, dass wir an den Ausgangspunkt zurückgehen müssen.

Gerade wir Frauen sind es, die die Schönheit in einer anderen Frau sehen können, sowohl die äußerliche als auch die innerliche, und wenn wir uns gegenseitig aufrichtig unterstützen, werden große positive Kräfte in Gang gesetzt.

Wir müssten uns ›von Natur aus‹ gut verstehen und sollten untereinander keinen Nährboden mehr für ein Gegeneinander zulassen.

Unsere Verbundenheit ergibt sich aus unserem »Geschlecht« im Sinne unserer Ahnenlinie: Wir sind geprägt von allem Weiblichen in den historischen, von Frauen geborenen Linien vor uns. Alle Schicksale, die Frauen erlebt haben, alle Kämpfe, die Frauen vor uns ausgefochten haben, sind kollektiv mit uns verbunden sowie auch unsere eigenen weiblichen Vorfahren, insbesondere unsere Mütter und deren Mütter. Und deren Schicksale haben uns beeinflusst und geprägt.

Immer wenn wir andere Frauen oder deren Lebensmodelle ablehnen, stellen wir uns über sie und sagen etwas über uns selbst aus; darüber, wie wir über uns selbst denken, über das Frausein im Allgemeinen und über das jeweils andere Lebensmodell bzw. die Lebensweise, die wir selbst unbewusst oder bewusst gewählt haben.

Ob wir uns dafür oder dagegen entscheiden – die Tatsache, dass Frauen Kinder gebären können, prägt unser Leben. Es gibt unzählige Gründe für oder gegen eigene Kinder, so wie es auch unzählige Gründe für oder gegen eine berufliche Laufbahn gibt. Angefangen von Frauen, die keine Kinder bekommen können und zwangsläufig eine andere Lebenslaufbahn anstreben müssen, bis hin zu Frauen, die sich gegen eigene Kinder entschieden haben. Es gibt Frauen, deren Männer sich um die Kinder kümmern und Frauen, die sich ganz der Erziehung der Kinder widmen oder die beides miteinander verbinden möchten.

In vielen familiären Umgebungen müssen beide Elternteile verdienen, um den Lebensunterhalt zu finanzieren, und können sich diese Fragen und Entscheidungen letztlich gar nicht leisten. Es verletzt diese Frauen, sich der Kritik überhaupt aussetzen zu müssen, denn sie haben gar nicht die Wahl, ob sie arbeiten wollen oder nicht.

Wie eingangs erklärt, ist Karriere ein männlich orientierter Begriff. Für diejenigen Frauen, die sich – ob mit oder ohne eigenen Kindern – sichtbar machen und einen sinnvollen Beitrag in der Unternehmenswelt leisten wollen, geht es darum, alle Interessen, Wichtigkeiten und Wünsche sinnvoll und gut verteilt in der jeweiligen Lebensform und Arbeitsweise zu integrieren.

Wenn wir Frauen für diese je gewählten Lebensmodelle einstehen und sie untereinander nicht abwerten, machen wir uns weniger angreifbar und werden es zunehmend leichter haben.

Die Vereinbarkeit von privaten und arbeitsbezogenen Interessen, die Integration aller persönlichen Werte, Belange und Bedürfnisse ist der Wunsch der meisten Frauen, egal in welcher familiären Situation sie sich befinden. Auch das Streben nach einer sinnvollen Tätigkeit vereint uns.

Weibliche Verbundenheit ist ein Schritt hin zu mehr gegenseitiger Unterstützung, Respekt und Achtung der Situation und Rahmenbedingung der jeweils anderen Frau gegenüber und Akzeptanz.

Wahre Verbundenheit erreichen wir durch echtes Interesse am Frausein und damit auch an den Lebens- und Denkmodellen anderer Frauen, indem wir uns ehrlich begegnen und vor allem unsere Gefühle nicht verbergen.

Wir müssen in unserer Verbundenheit aber auch Sprecherinnen finden, die uns alle gleichermaßen repräsentieren in unserer facettenreichen Struktur von Lebensmodellen. Solange Männerstimmen in den Medien weiterhin maßgeblich über die Kind-Karriere-Thematik und weibliche Führungskräfte als Experten sprechen, Stellung nehmen und Antworten finden, bleiben wir in alten Strukturen verfangen und weit entfernt von einer Frauenkulturförderung, die nur durch uns selbst erreicht werden und ein Gesicht bekommen kann.

Es gilt innerhalb und außerhalb der Unternehmenswelten in aufrichtiger Verbundenheit einen »**weiblichen Inner Circle**«, bestehend aus unterstützenden und verantwortungsbewussten Frauen, zu formen und zu etablieren.

Unsere Verbundenheit beruht dabei auf gegenseitigem Respekt, Wertschätzung und Vertrauen. Diese Werte in uns zu verankern, zu spüren und auszuleben, wird uns zum Ziel führen.

Das weibliche Verhältnis zur Macht

Was ist Macht?

Macht »(...) bezeichnet (...) die Fähigkeit, auf das Verhalten und Denken von einzelnen Personen (...) einzuwirken, (...) andererseits die Fähigkeit, Ziele zu erreichen, ohne sich äußeren Ansprüchen unterwerfen zu müssen. (...) Machtverhältnisse beschreiben mehrseitige (...) Verhältnisse, bei denen oft eine Seite über größere Macht verfügt (zum Beispiel durch Belohnung, Bestrafung, Wissen) und das von anderer Seite akzeptiert wird.«[3]

Eine andere Definitionen besagt: »Macht ist ein politisch-soziologischer Grundbegriff, der für Abhängigkeits- oder Überlegenheitsverhältnisse verwendet wird, d. h. für die Möglichkeit der M.-Habenden, ohne Zustimmung, gegen den Willen oder trotz Widerstandes anderer die eigenen Ziele durchzusetzen und zu verwirklichen.«[4]

Der Wissenschaftler Bertrand Russell (1872–1970) beschrieb Macht als »Fähigkeit, bestimmte Absichten zu verwirklichen« und der Nationalökonom Max Weber (1864–1920) erläuterte: »Macht ist die Möglichkeit, den eigenen Willen auch gegen Widerstreben durchzusetzen.«

Es gibt also mindestens zwei Seiten der Macht, die ich nachfolgend stark vereinfacht zusammenfasse und damit weitere Betrachtungen von Macht ganz ausblende, um lediglich den Aspekt **Frauen und ihr Verhältnis zur Macht** in den Vordergrund zu rücken.

Die Schattenseite der Macht

Die dunkle Seite von Macht zieht sich als Kette negativer Ereignisse durch die Geschichte, die geprägt war durch Machtübernahme und -missbrauch.

In der Vergangenheit wurde Macht oft verwechselt mit Herrschaft. In der Konsequenz ging Machtausübung mit Unterdrückung und Ausbeutung ganzer Völker und Kontinente einher.

Auf der individuellen Ebene kann Macht in der Führung bis heute einsam machen und menschenfeindlich und zynisch. Die Geschichte ist voller Beispiele dafür, meistens in Verbindung mit Kampf und Diktatur.

Macht kann krank machen und blenden. Sie hat eine große Anziehungskraft, birgt Suchtpotenzial und strebt nach Erweiterung und Vergrößerung. Als ein Sog angemaßter Überlegenheit kann Macht auf denjenigen Einfluss nehmen, der die Alleinherrschaft anstrebt oder bereits besitzt und verteidigen zu müssen glaubt.

Macht wurde schon immer und bis heute, ganz aktuell im Rahmen der Banken- oder Finanz- bzw. Wirtschaftskrise, häufig mit der Bereicherung Einzelner, mit Gier, dem Streben nach eigenen Vorteilen und mit der Anhäufung von Materiellem und Machtsymbolen in Verbindung gebracht.

Die Außenwirkung von Macht präsentiert sich in Statussymbolen, die zeigen sollen, in welcher herausragenden wirtschaftlichen oder herrschaftlichen Situation und Funktion sich jemand befindet. Machtallüren stellen sich ein und festigen die Wahrnehmung der Macht im Außen.

Die Schattentendenzen von Macht für diejenigen, die nicht über Macht verfügen, sind Abhängigkeit, Unterwerfung und Unterlegenheit mit allen daraus folgenden existenziellen Konsequenzen.

Wenn Macht nicht mehr einhergeht mit dem Versorgen und dem Beschützen der »Untergebenen«, sondern es im wesentlichen um das Durchsetzen des individuellen Willens, der eigenen Ziele und Interessen des Machtinhabers geht, ist seine Einstellung zur Machtausübung getrübt. Seine legitime Berechtigung, Macht innezuhaben und anzuwenden, ist dann nicht mehr von Vorteil für diejenigen bzw. im Sinne derer, die schutzbedürftig sind und in der Machtausübung ihre Belange und die Wahrung von Gerechtigkeit erkennen möchten.

Hier fängt das Feld für Missbrauch und Manipulation an, vor allem, wenn die der Macht »ausgelieferten« Menschen abgewertet, bestraft und willkürlich verurteilt werden. Dies geschieht meistens dann, wenn sie nicht den nötigen Gehorsam bzw. die erwartete Unterwerfung zeigen, wenn Informationen einseitig verteilt oder ganz zum eigenen Vorteil interpretiert und beeinflusst werden oder es zur Ausbeutung kommt, die verschiedene Gesichter haben kann.

Männern ist die Ausübung von Macht und der damit verbundenen Dominanz eher vertraut als Frauen. Sie nehmen sie auch leichter und konsequenter an und machen sich weniger Sorgen um das Thema. Durch ihr Verständnis von Hierarchien und Rangordnungen ist ihnen Macht im beruflichen Kontext eher bekannt und Macht ist bei ihnen tendenziell wenig negativ besetzt.

Eigenschaften, wie sie heute in unseren Unternehmenswelten mit Macht in Verbindung gebracht werden, sind Durchsetzungsstärke, Selbstbehauptung, Selbstsicherheit, Risikobereitschaft, dominanter und souveräner Auftritt, aber auch Selbstdarstellung. Auch gehen die Mächtigen irrtümlicherweise davon aus, dass sie die Konkurrenz und damit verbundene Machtkämpfe ausfechten, beherrschen und gewinnen und damit Probleme lösen können.

Zur Machtausübung und -demonstration gehören feste Strukturen, eigene Regeln (wie Rangordnung vor Inhalt, hierarchische Sprache), Rituale (z.B. Überbietung, Überlegenheit, Prahlerei, Machtgehabe, *Storytelling & Selling*), Dominanz durch Körpereinsatz, Grabenkämpfe und entsprechende Unternehmenspolitik.

Macht im Kontext heutiger Unternehmenswelten besteht also aus einer vorhandenen Machtkultur und Mentalität, die von den Machtinhabern bewahrt und kulturell verteidigt wird.

Die Lichtseite der Macht

Die positive Seite der Macht liegt zum einen in der großen Freiheit, mit der Macht einhergeht: Die Freiheit und Unabhängigkeit, sich nicht unterwerfen zu müssen, eigene Ziele verwirklichen und umsetzen zu können sowie die Möglichkeit, Strukturen und Rahmenbedingungen zu schaffen, um Ziele durchzusetzen.

Macht kann genutzt werden, um positiv auf andere einzuwirken, große Veränderungen in Gang zu bringen und als Vorbild zu fungieren.

Der positivste Aspekt der Macht ist wohl die Möglichkeit der Einflussnahme, die man potenziell besitzt und durch die sich ein weites Feld öffnet, auf dem nahezu alles möglich ist.

Macht bedeutet ferner, dass Potenzial für Beteiligung da ist. Ohne Beteiligung ist es schwerer, sich Gehör zu verschaffen und sichtbar zu werden, um Ideen umzusetzen.

Macht beinhaltet außerdem, dass man Entscheidungen (mit-) treffen und Verantwortung übernehmen kann, dass man einen Gestaltungsspielraum hat und verantwortungsbewusst für Menschen bessere Rahmenbedingungen zur eigenen Lebensgestaltung (mit-)schaffen kann. Macht hilft, sich möglicherweise für viel Freiraum für möglichst viele Menschen einsetzen zu können.

Wer Macht hat, übt sie noch nicht aus. Vielmehr besitzt er aufgrund einer bestimmten Stellung Einflussmöglichkeiten und ein generelles Macht-Potenzial. Der Gestaltungsraum von Macht ist also individuell und kann damit spezielle, einzigartige Formen annehmen.

Frauen und ihr Verhältnis zu Macht

Macht ist ein Begriff mit einer gewissen Tendenz zur Tabuisierung. Machtkulturen werden selten veranschaulicht oder öffentlich gemacht. Jedoch taucht der Begriff im Kontext der Geschlechterdiskussion erstaunlich oft dann auf, wenn es darum geht, ein bekanntes Argument zu untermauern: Frauen seien weder interessiert an Macht, noch könnten sie adäquat mit Macht umgehen (Stichwort *entscheiden und durchsetzen*) und das sei der Hauptgrund dafür, dass Frauen nicht oft in den höchsten Führungspositionen anzutreffen sind.

Zutreffend ist: Frauen streben in ihrer Mehrheit nicht nach »oben« im Sinne einer Karriere oder weil sie Lust auf Macht haben. Ihr differenziertes und teilweise sehr negatives Verhältnis zur Macht verhindert oft sogar, dass sie nach Führung streben.

Sie wollen im Beruf eher etwas »Sinnvolles tun«, eine »interessante und wertvolle Arbeit« bzw. einen tatsächlich positiven Beitrag leisten und sich vor allem durch Inhalte und Kompetenz auszeichnen.

Frauen ist Macht mitunter unheimlich und fremd. Machthaben ist dabei negativ besetzt und erscheint vielen per se nicht als erstrebenswert. In der Folge sind Frauen im Umgang mit Macht oft zu zaghaft. Viele schämen sich dafür, mächtig zu sein. Sie distanzieren sich also von Macht oder es kommt vor, dass sie sich auf dem Weg ihrer Ermächtigung weniger zutrauen. Der Mut verlässt sie zusätzlich zu dem blockierenden Gedanken, dass Macht doch schließlich nicht viel Positives beinhaltet. Dadurch werden keine oder nur unzureichende Energien freigesetzt.

Hinzu kommt, dass Frauen in Machtpositionen oft schräg angeschaut und sehr misstrauisch begutachtet werden.

Als Folgeerscheinung setzen Frauen nur ungern Machtinstrumente ein. Auch Statussymbole, die Macht in der äußeren Form ausdrücken, werden nicht gerne gezeigt. Symbole wie ein großes Geschäftsauto mit viel PS und Extras werden nicht oder eher zögerlich angenommen, auch weil Frauen diese Zeichen mitunter als »Eitelkeiten« entlarven, Zurschaustellung in diesem Zusammenhang als wenig attraktiv empfinden und dafür auch weniger Anerkennung aus dem sozialen Umfeld erhalten als Männer.

Frauen scheuen sich auch tendenziell eher, offen um Macht zu kämpfen, stehen Seilschaften, »Vitamin-B« bzw. sogenannten »*Old boys network*«[5]-Machenschaften eher skeptischer gegenüber. Aber genau diese Verbindungen sind in der heutigen Arbeitswelt bedeutende Bausteine auf dem Weg zu Macht und Einfluss.

Frauen haben auch tendenziell den Eindruck oder die Befürchtung, dass Macht zu Einsamkeit führt und »die Luft immer dünner«, ungemütlicher und feindseliger wird, je weiter man nach oben kommt.

Da Frauen eher sozialisieren und in Netzen und Verbindungen denken, wollen sie natürlich nicht alleine und einsam tätig sein. Sie möchten gemeinsame Erfolge erzielen auf Basis gemeinschaftlicher Entscheidungen, statt als Einzelperson im Team-Umfeld sichtbar zu werden.

Meine Überzeugung ist aber: Um Einfluss nehmen zu können und all die positiven Aspekte, die Frauen wichtig sind, tatsächlich einbringen zu können, müssen sie sich erneut oder erstmals dem Machtthema stellen. Sie müssen der Frage nachgehen, was dieses Thema in ihnen individuell auslöst an negativen Gefühlen, Blockaden, Widerständen und Ängsten, und eine eigene Definition dafür finden sowie ganz neue Eckpfeiler für sich definieren und erschaffen.

Erstrebenswert wird Macht für Frauen auch nur dann, wenn sie damit etwas Positives in Verbindung bringen können, und das scheint für Frauen die Kombination aus **Einfluss an erster Stelle** und dann **Verantwortung und Führung** zu sein.

Ich ersetze deshalb im Folgenden, so oft es möglich ist, das Wort *Macht* durch *Einfluss*.

Einfluss ist für Frauen im beruflichen Kontext also der Weg, ihre Inhalte zu platzieren und durchzusetzen – sie gehen dabei inhaltlich orientiert und weniger positionsorientiert vor.

Im Umgang mit Einfluss und dessen Ausübung können Frauen ebenso eigene Wege gehen. Diejenigen, die bereits in Einflusspositionen angekommen sind und dabei der Versuchung widerstanden haben, männliche Stile zu kopieren, haben bereits ihren eigenen Weg im Umgang mit Einfluss und dessen Ausübung gefunden. Sie gehen oft stiller und unauffälliger mit Macht um, sind gleichzeitig inhaltlich stark beteiligt und füllen ihren Einflussradius selbstbewusst aus.

Einflusssymbole nehmen sie an, messen diesen zwar keine große Bedeutung zu, wehren sich aber auch nicht gegen sie und halten diese für selbstverständlich der Position zugehörig. Sie thematisieren diese Symbole nur dann, wenn sie ihnen vorenthalten werden und es zu Ungleichberechtigung kommt. Dabei gehen sie leise und wenig kapriziös, aber konkret und zielbewusst vor und werden deshalb gelegentlich unterschätzt.

Insbesondere **Instrumente der Einflussnahme** wie Kommunikation und Informationsverteilung setzen Frauen tendenziell in der Weise ein, dass keine *Kopfmonopole*[6] entstehen.

Frauen sorgen eher für höchstmögliche Transparenz, einheitlichen Kenntnisstand und Austausch und können damit abrufbar die Archivierung von Erlerntem in Form von »*best practises*«[7] gewährleisten.

Frauen ist Macht nicht gänzlich fremd, da sie im inneren und familiären Umfeld und Verhältnis immer schon ein großes Einfluss-Potenzial besaßen und dieses auch ausgeschöpft und genutzt haben.

Ergo geht es darum, diesen Einfluss auf den beruflichen Kontext zu übertragen und sich nicht zu scheuen, auch auf diesem Terrain mit mehr Transparenz – also Sichtbarkeit für andere – Einfluss, Verantwortung und Führung zu übernehmen und wenn nötig in Konfrontationen zu gehen, um sich dann mit Überzeugung, Standhaftigkeit und einer weiblichen »Eigen-Art« einzumischen. Das Wort *einmischen* benennt aber genau den Kernkonflikt: Erst wenn es Frauen gelingt, die Spielregeln der Macht aufzuweichen und zu verändern und auch ihr andersartiges Agieren einen eigenen Wert bekommt, erst dann kann Einfluss eine weibliche Prägung bekommen.

Frauen wollen führen und Verantwortung übernehmen, aber nicht dominieren. Sie haben ein alternatives Führungs- und Machtverständnis. Aus ihrer Einstellung heraus wollen die meisten die gängigen Regeln nicht befolgen, weil sie nicht überzeugt von ihnen sind und sie entsprechend wenig attraktiv und erstrebenswert für sie sind. Manche Frauen sind ganz offen und ehrlich in diesem Punkt, andere haben resigniert und handeln bereits seit Jahren nach der Devise »Augen zu und durch«. Sie haben verinnerlicht, dass das »eben dazu gehört und so ist«. Aber es ermüdet und strengt an, da es nicht authentisch ist.

Die Kombination aus Macht-/Grabenkämpfen und den damit verbundenen Äußerlichkeiten und Werten wie hoher zeitlicher Präsenz (Überstunden, lange Arbeitszeiten), kommunikativem Gesprächsgerangel und dem Verhaltensstil der Machtinhaber, sehen die meisten Frauen nicht als Sport, sondern lehnen sie innerlich ab.

Vor allem mit der damit einhergehenden Diskrepanz aus Machtdemonstration innerhalb der Machtkultur (also was jemand vorgibt zu sein) und der tatsächlichen Machtausübung (was einen Machtinhaber wirklich ausmacht) in Form von Führung, Entscheidungs-/Konfliktmanagement, Selbstmanagement und letztlich Ergebnis und Erfolg, haben Frauen zu recht Akzeptanzprobleme, da Fähigkeit keine Angelegenheit des äußeren Scheins ist.

Um des Einflusses willen und um Führung und Verantwortung neu zu definieren, müssen Frauen herrschende Standards und Horizonte verändern, in Frage stellen, die Regeln positiv verändern und die zukünftigen Arbeitsbedingungen und Beschäftigungsverhältnisse mitbestimmen. Vor allem müssen sie vorleben, wovon sie überzeugt sind, ohne sich aus der Ruhe bringen zu lassen. Das ist die sanfte, unaggressive (gewaltfreie) und damit am wenigsten bedrohliche Form und wird langfristig den nötigen Erfolg und das gemeinsame Wachstum garantieren.

Frauen entwickeln ihren Einfluss weiter, indem sie ihrer eigenen Wahrnehmung und ihrer Eigen-Art trauen und sich anerkennen, so wie sie sind. Es geht weniger darum, was gängige Machtkulturbewahrer davon halten und ob eine Kompatibilität vorhanden ist, sondern darum, die alteingesessenen Strukturen aufzulösen, damit neue und bessere entstehen können.

An dieser entscheidenden Stelle auf dem Weg zum Wendepunkt in den Unternehmen geht es darum, dass sich Frauen nicht manipulieren oder dominieren lassen, sondern hartnäckig und standhaft bleiben. Frauen haben die Machtprinzipien nicht etabliert und festgelegt und müssen sie infolgedessen weder übernehmen noch verfolgen, um mitreden und gestalten zu dürfen.

Autorität, sinnvoller Einfluss, Gestaltung, Verantwortung, Projektmanagement, Krisenmanagement und Führung sind Frauen bestens vertraut und genau auf diese Seiten sollten sie setzen und dabei ganz Frau bleiben.

Aussicht

Der weibliche Umgang mit Macht könnte mehr im Dialog stattfinden, was auch die Transparenz von Informationen beinhaltet, indem z.b. Gemeinschaftsentscheidungen und Basisbeteiligung als Grundlage für gute Entscheidungen angestrebt werden.

Frauen wollen im Kern bei ihrem Einfluss nicht auf Einfühlungsvermögen oder Teamgeist verzichten, wollen Verhaltens-, Entscheidungs- und Lösungsalternativen genau einschätzen und überprüfen und Werte wie Authentizität und Harmonie mit Führung und Kraft verbinden.

Im Fazit bedeutet dies, dass Frauen zunächst in die Einflussebenen gelangen müssen, was nicht zwangsläufig über die Position, sondern durchaus auch über die Einnahme einer Rolle / Aufgabe oder in Projekten geschehen kann, wo mehr teamübergreifend und interdisziplinär gearbeitet werden muss. Einmal in den Einflussebenen angekommen, können sie mit einer einzigartigen Handlungskombination überraschen und sich mit ihren weiblichen Erfolgsaspekten durchsetzen.

Macht zu haben bedeutet, Erfolg zu generieren, und Machtausübung bedeutet, Einfluss zu nehmen.

In wichtigen Konferenzen und bei Entscheidungsprozessen, in denen man die Mehrheit braucht, um etwas Wichtiges und Sinnhaftes umzusetzen, geht es vor allem darum, *wie* man etwas rüberbringt. Welche Gesten bringt man zum Einsatz, wie betont man Dinge? Legt man Pausen ein, um etwas zu unterstreichen und die Wirkung abzuwarten? Wie ist der Auftritt, wie das Charisma, der Sprach- und Wortgebrauch, der Ton, die Gewandtheit usw.?

Das Verhalten und die Kommunikation von Frauen sind jedoch sehr häufig durch Unsicherheit geprägt. Schwächende Gesten (z. B. durch unangebrachtes Lächeln oder bestimmte Körperhaltungen / Kopfbewegungen) demonstrieren fehlendes Selbstbewusstsein.

Meiner Erfahrung mit Frauen entnehme ich weiterhin einen anderen erwähnenswerten und sehr wertvollen Gesichtspunkt: Frauen müssen sich freimachen und lösen von Entweder-oder-Haltungen. Diese Sichtweise verunmöglicht eine freie Sicht und damit die Lösungsfindung.

Die vorgegebenen Wege, Entwürfe und Vorschläge sind bisher nicht die richtigen gewesen. Übertriebene Ichbezogenheit schadet den Unternehmen und dem Wohlergehen Einzelner.

Also müssen Frauen andere, klarere Wege finden und vorschlagen und dabei regelrecht »aus dem Rahmen fallen«, ohne Ausschlusskriterien, ohne die Verbannung wichtiger Aspekte, die auf den ersten Blick widersprüchlich erscheinen, und ohne Ausschließlichkeit.

Insofern Frauen einen Sinn für Gleichberechtigung und Mitgefühl besitzen, ist es ihre Pflicht, Wahrhaftigkeit vorzuleben, aufbauend zu führen und gemeinsame Erfolge zu fördern.

Freiheit fängt da an, wo wir Chancen sehen, wo wir uns ideale Lösungen vorstellen und wo wir uns nicht begrenzen lassen in unserer Kreativität.

Sobald wir mutig und beharrlich unseren eigenen Weiblichen Erfolgspfad gehen, stellen sich unser Selbstbewusstsein und die potenziellen Möglichkeiten ganz von alleine ein. Die Unternehmenskultur in unserem Land wird einen gewaltigen Ruck erleben und sich ganz natürlich verändern hin zu einem bunten, mannigfaltigen und lebendigen Treiben in den Unternehmenswelten, das für alle mehr Freude, Spannung und Erfolg bringen wird.

Wofür steht die Frau, wofür steht das Weibliche?

Gleichberechtigung bedeutet zunächst, gleiche Rechte zu besitzen. Die Frauenbewegung hat diese Rechte weitestgehend erreicht. Frauen in Deutschland haben grundsätzlich jede Freiheit und Wahl und können unabhängig sein.

Gleichberechtigung wird aber oft verwechselt mit »gleich sein« und führt zu einer würdelosen Geschlechterdebatte mit gegenseitigen Abwertungen, Vorwürfen und Missverständnissen, statt dass anerkannt wird, dass Mann und Frau verschieden sind und auch immer bleiben, aber gleich viel wert (also sich ebenbürtig) sein sollten.

Gleichberechtigung kann nicht einfach oberflächlich und zum Teil irreführend mit Statistiken und Fakten (Anzahl an Frauen in Führungspositionen, Höhe des Gehaltes ...) belegt, bewertet oder widerlegt werden. Sie bedeutet eben auch, dass sich die Beteiligten der Gleichberechtigung und Ebenbürtigkeit bewusst sind und sich nicht gegenseitig abwerten, sondern auf respektvoller wertschätzender Augenhöhe begegnen. Das kann man beispielsweise am Umgang miteinander, am Verhalten, an der Kommunikation ausmachen und daran, wie man aufeinander Rücksicht nimmt bzw. berücksichtigt wird.

Gleichberechtigung sollte man aber vor allem daran festmachen, wie sich die beteiligten/betroffenen Personengruppen fühlen und ob das geschlechtliche Miteinander auf Augenhöhe stattfindet und von gegenseitigem Verständnis, Einfühlungsvermögen und Würdigung geprägt ist.

Oftmals kann man neben der Einstellung und tatsächlichen Haltung der Einzelnen erkennen, was unter der Oberfläche passiert, und ableiten, wer sprichwörtlich »den Ton angibt«. Sowohl im beruflichen Umfeld als auch im privaten Umfeld sind wir von einer tatsächlichen gegenseitigen Gleichberechtigung und Würdigung weit entfernt, sowohl in die eine als auch in die andere Richtung!

Für Frauen sind es vor allem die gefühlten und tatsächlichen Hürden im Beruf und für Männer in vielerlei Hinsicht das innerfamiliäre System, aus dem sie sich ausgegrenzt fühlen, insbesondere nach Scheidungen, wenn es um das Sorgerecht und Mitspracherecht – nicht im juristischen Sinne, sondern in der praktischen Umsetzung im Alltag – geht.

Dieses Buch befasst sich, wie eingangs erwähnt, ausschließlich mit der Frau im *beruflichen* Kontext und kann insofern allen anderen Themen, die im Zusammenspiel der Geschlechter von großer Relevanz sind, nicht gerecht werden.

Stets ist es ratsam, bei sich selbst anzufangen.

So sind Frauen gefragt, sich und ihre eigene Einstellung und ihr Verhalten zu überprüfen und gegebenenfalls Korrekturen vorzunehmen auf dem Feld der geschlechtlichen Fragen.

Hier können wir uns fragen:

> ➜ Wie sieht es in meinem Inneren aus, wenn es darum geht, mich emotional durchzusetzen und für die eigenen Bedürfnisse einzustehen?
>
> ➜ Welche Identität bleibt, wenn ich vor allem im beruflichen Zusammenhang Werte/Statussymbole, Verhaltensweisen und Eigenschaften wie Rhetorik, Positionierung, Durchsetzungskraft und Ziele (Erfolg, Macht) zu imitieren und in Anlehnung an männliche Vorbilder die Orientierung am Außen beziehungsweise am Äußerlichen zu adaptieren versuche?
>
> ➜ Und wie anstrengend ist es, gegen mich selbst, meine Kompetenzen und inneren Überzeugungen zu arbeiten?

In den Jahren der Emanzipationsbewegung haben Frauen aus dem Wunsch der Unabhängigkeit heraus probiert, arttypische Fähigkeiten und Kompetenzen aus dem weiblichen Universum zu entfernen. Dabei schränken Frauen sich jedoch selbst darin ein, ihr Potenzial voll auszuschöpfen, nehmen nicht den Einfluss, den sie nehmen könnten und der ihnen zusteht, und sind inhaltlich nicht genug beteiligt.

In meiner Arbeit mit Frauen fällt mir (neben sich wiederholenden Themen rund um die Kommunikation mit anderen, wenn es um sie selbst geht) am meisten auf, dass sie von einer besseren Zukunft träumen.

Frauen sind im Allgemeinen sehr pragmatisch veranlagt und setzen Gelerntes schnell um. Dieser pragmatische Weg scheint ausgerechnet dann verbaut, wenn es darum geht, etwas für sich selbst zu tun, etwas konkret umzusetzen oder zu riskieren.

Im Heute werden die Weichen für das Morgen gestellt. Das heißt, was wir heute tun, sagt etwas darüber aus, was morgen sein wird. Wenn wir blockiert sind für diese Weichen, geht auch morgen nichts voran und unsere Wünsche bleiben unerfüllt. Unabhängig davon, wovon wir träumen, es ist immer förderlich, dass wir das Thema auch materialisieren, indem wir erste Schritte unternehmen, es uns anzueignen (darüber recherchen, Fachliteratur/Ratgeber kaufen, Anmelden zu einem Kurs oder ähnliches).

Um aus dem ewigen hoffnungsgeladenen Traumtal hinauszukommen in die Welt der Möglichkeiten, müssen wir natürlich in die Aktivität gehen und mit ersten Bemühungen in Richtung einer Umsetzung anfangen.

Alles, was wir für andere ganz natürlich tun – wobei wir große Kompetenzen aufweisen und auf weibliche Weise hartnäckig, schonungslos, kämpferisch, unaufhaltsam und fordernd sein können –, sollten wir für uns selbst mindestens genauso leidenschaftlich tun.

Damit Frauen sich wieder ihrer Kraft und Potenziale zuwenden, braucht es eine Versöhnung mit dem Weiblichen und eine Auseinandersetzung mit dem Frausein an sich und seinem Verhältnis zu Erfolg und Macht.

Bevor wir diese innere Auseinandersetzung beginnen, müssen wir zu unserem (eigenen) Ursprung zurückkehren und herausfinden, wer wir wirklich sind und für was das Weibliche steht.

Von der Identifikation mit dem Geschlecht

Bezüglich der Geschlechtsunterschiede gibt es verschiedene Ansätze und Erklärungsmodelle. Neben medizinischen Erklärungsmodellen zu Hormonen, Genen und unterschiedlichen Gehirnaktivitäten und Gehirneigenschaften kommen verschiedene psychologische Ansätze zu unterschiedlich ausgeprägten Antworten.

An dieser Stelle möchte ich mich kurz (und ohne Anspruch auf Vollständigkeit und Beachtung weiterer wertvoller Forschungsergebnisse) Erkenntnissen aus der Entwicklungspsychologie und den Lerntheorien, also der kognitiven Identifikation mit dem Geschlecht widmen, in der es darum geht, dass Eigenschaften und Verhalten angelernt, trainiert und in Abhängigkeit von Erwartungen und Erfüllungen durch unsere Sozialisation geprägt sind.

Vor allem Einstellungen und Verhaltensweisen werden mit der Geschlechtsidentität erworben und durch die Wahrnehmung und Konditionierung der Umwelt entsprechend verstärkt.

In der Entwicklungspsychologie heißt es dazu:»1. Schritt: Das Kind erkennt, daß es zwei Geschlechter mit unterschiedlichen Aufgaben in der sozialen Welt gibt (...). Es unterscheidet die Welt nach Vätern und Müttern, nach stark und schwach, nach draußen und zu Hause (...). 2. Schritt: Das Kind ordnet sich einem der beiden Geschlechter zu (...). 3. Schritt: (...) wählt es aktiv aus seiner Umwelt aus, was zu seinem Geschlecht paßt (...). 4. Schritt: (...). Mit etwa 5 bis 6 Jahren erkennt das Kind (...), daß man sein Geschlecht nicht mehr ändern kann (...).« Weiter heisst es hier, dass »(...)das Kind hinreichend motiviert ist, so wie die Mitglieder der eigenen geschlechtlichen Gruppe zu werden (...) Ein Schema erlaubt die Einordnung von Informationen und damit eine bessere Orientierung in der Welt (...)«.[8]

Ab dem Alter von sechs Jahren ist also die Erkenntnis um das eigene Geschlecht und damit auch das Thema der Zugehörigkeit im Kontext der Frage, wer und was wir sind, geklärt. Auch evolutionäre Ansätze der Verhaltensforschung kommen zu dem Ergebnis, dass vor allem kulturelle Unterschiede in der Rollenerwartung überwiegen, damit wir uns mit unserem Geschlecht identifizieren und entsprechende Verhaltensweisen und Einstellungen annehmen.

Auch wenn Gender Studien und Gender-Diskussionen wichtig sind, damit sich Erkenntnisse und Ergebnisse inhaltlich in konkreten Konzepten ausdrücken, halte ich alle Diskussionen rund um Erklärungsmodelle (bedauerlicherweise gleichermaßen von

Frauen und Männern unterstützt), welche untermauern, dass es keine wesentlichen Unterschiede zwischen Frau und Mann gibt, für kontraproduktiv und verfärbt.

Selbst wenn kognitive Entwicklungs- und Lerntheorien die geschlechtliche Prägung vor allem durch Lernen, Beobachten, Verstärken etc. begründen, heißt das im Umkehrschluss nicht, dass wir nur umdenken und umlernen müssten, um uns eine neue Identität anzueignen bzw. uns der anderen geschlechtlichen Identität im Wesen nähern zu können, nur weil sich diese z.B. erfolgreicher durchsetzt.

Jeder Versuch, seiner Identität zu entweichen, ist eine Anstrengung und bedeutet immer auch Verrat und Verleumdung sich selbst gegenüber.

Es geht schließlich im Wesentlichen immer darum, dass wir uns weiterentwickeln und, unabhängig von unserem Geschlecht, unser Potenzial ausschöpfen und *das* leben und nutzen, was in uns steckt.

Leichter für uns wird es, wenn wir uns vor allem für das eigene Geschlecht und damit für unsere Identifikation interessieren, uns auf uns fokussieren und dann ohne größere Umwege unseren eigenen (in diesem Falle) weiblichen Weg gehen.

Männlich und weiblich sind zwei gegensätzliche und weit auseinanderliegende Pole, die – allein aus der körperlichen und emotionalen Ebene heraus betrachtet – zu erheblichen Unterschieden in der Empfindsamkeit, Belastbarkeit, Ausrichtung führen und als unterschiedliche Qualitäten betrachtet werden sollten.

Heinrich Beck und Arnulf Rieber schreiben dazu: »Menschen leben und fühlen als Frau oder Mann. Geschlechtlichkeit bestimmt unser aller Sein, Fühlen, Wahrnehmen, Erfassen, Denken und Verstehen«.[9] Bei Thomas Colley heißt es dazu: »So etwas wie ›Personen‹ gibt es gar nicht; es gibt nur ›männliche‹ oder ›weibliche‹ Personen ... es gibt keine menschliche Identität, die nicht durch Geschlechtsidentität tangiert wird ...«[10] und dem möchte ich mich anschließen.

Frausein bedeutet, als soziales Wesen dem weiblichen Geschlecht zugehörig zu sein, also dem Geschlecht, in das wir physisch und sozial hineingeboren und -sozialisiert wurden.

Weiblich bedeutet, dass wir uns unseres weiblichen Geschlechtes bewusst sind und dieses vom Gefühl her ausleben.

Weiblichkeit bedeutet, welchen Ausdruck wir unserer Weiblichkeit verleihen, und beinhaltet dabei vor allem das gesamte weibliche Potenzial, das in uns steckt, wobei der Körper eine der Ausdrucksformen darstellt.

Was ist urweiblich?

Es ist immer wieder die Rede von Urweiblichkeit in Form von Eigenschaften, Wissen, Verhalten.

Vor allem Clarissa Pinkola Estés hat mit ihrem bahnbrechenden Werk »Die Wolfsfrau« die Kraft der weiblichen Urinstinkte thematisiert und Frauen auf der ganzen Welt ermuntert und aufgefordert zu der Bereitschaft, »die tieferen Geheimnisse ihres eigenen Wesens« zu ergründen. Hierzu führt sie aus: »Die traditionelle Psychologie weiß bemerkenswert wenig über frauenspezifische Themen zu sagen und noch weniger über die Hintergründe, wie die weibliche Intuition (...), die zyklische Wiederkehr von Stimmungen und Kräften. Über Dinge wie die Wiederherstellung des Zugangs zum Urwissen und den Zugang zur weiblichen Schöpferkraft schweigt sie sich vollkommen aus.« Weiter heißt es: »Eine Psychologie, die es versäumt, das spirituelle Wesen im Zentrum der femininen Psyche zu kontaktieren, muß als gescheitert betrachtet werden, denn sie versagt ihre Hilfe.«[11]

Estés beschreibt in ihrem Buch die Doppelnatur der Frauen folgendermaßen: »Die erste existiert in der Welt der äußeren Erscheinungen, ist zumeist sehr pragmatisch und völlig menschlich. Das zweite Wesen hingegen existiert in einer weniger sichtbaren Welt und, obwohl es hin und wieder an die Oberfläche kommt, um etwas erstaunlich Originelles, oft auch Weises zu verkünden, zieht es sich meistens recht schnell wieder in fernere Gefilde zurück und verschwindet – bis zum nächsten Mal.«[12]

Das zuletzt Beschriebene ist unser tiefes Selbst und unsere innewohnende Stärke, die wir in wichtigen Entscheidungsprozessen oder kritischen Lebenssituationen deutlich spüren, jedoch ist unser Zugang oft versperrt.

Ähnlich verhält es sich mit der weiblichen Intuition, dem laut Estés »akute(n) Feingefühl für die tiefere Wahrheit«, das sich auch in Form von Träumen ausdrücken kann und dem man sich nähert, wenn man aufmerksam auf Eingebungen hört und sich die richtigen Fragen stellt.

Dabei geht es um das Wesentliche, das uns wirklich berührt, wenn wir berührt sind, was wir tatsächlich fühlen, wenn wir fühlen, und was wir wirklich wollen, wenn wir wieder Zugang zu unseren Sehnsüchten und eigentlichen Bedürfnissen haben.

In diesem Zusammenhang sind wir aufgefordert, gerade in Situationen, in denen wir intuitive Kraft spüren, noch weiter hineinzufühlen, zu sehen, was gesehen werden möchte, und zu erkennen, um was es gerade tatsächlich geht. Im nächsten Schritt gilt es dann, unsere Stimme zu erheben, also zu sagen, was wir fühlen und glauben, und letztendlich zu handeln und unserer Intuition zu folgen, auch wenn es unbequeme Schritte sind, die uns in Wandlungsphasen und Veränderungen führen.

Der Dalai Lama schreibt, »(...) die Gläubigen nahezu aller Religionen wenden sich an die Frau, an die Urmutter, um Kraft zu schöpfen und ihre Sorgen und Nöte zu überwinden. Sie spendet den Menschen Tost, versteht sie, bestärkt sie. Zu ihr beten sie. Vor diesem Hintergrund mag man sich fragen, warum im interreligiösen Dialog immer noch so wenige Frauen zu Wort kommen, wenn sie doch in den einzelnen Religionen allgegenwärtig, ja oft sogar deren lebendiges Herz sind (...). Ihre pragmatische Haltung, ihr Wunsch, machbare Lösungen zu finden, ihre Geduld und der ihnen eigene Elan würden zweifelsohne zum Erfolg führen.«[13]

Ein Aspekt des Buddhas in weiblicher Form soll die mütterlichen Eigenschaften hervorheben: Schutz, Hilfe, Trost, Beistand, Liebe, Herzensgüte und Mitgefühl. Der Dalai Lama dazu: »Man wendet sich vorzugsweise an sie, wenn man mit schwierigen Umständen zu kämpfen hat.«[14]

Das Urweibliche wurde historisch in den meisten Teilen der Welt spirituell geehrt und gewürdigt. Aber es scheint die Verbindung verlorengegangen zu sein zwischen dem, was die Frau von ihren Qualitäten und Eigenschaften her ursprünglich ausmachte und was sie heute in der modernen Welt in ihrer irdischen Form repräsentiert.

Ich vermute, wir Frauen selbst haben diese Verbindung in unserer Wahrnehmung und in der Ausübung der Qualitäten aus den Augen verloren. Wir haben uns verlaufen, aber die Verbindung zu unserer weiblichen Geschichte gibt es noch. Jede Frau trägt die Urmutter in sich und kann das Mütterliche, unabhängig davon, ob sie tatsächlich Mutter ist oder nicht, wieder erlebbar machen.

Wir können uns, indem wir eintauchen in diese Bilder und Klänge der Urweiblichkeit, selbst besser kennen und verstehen lernen und uns inspirieren lassen. Wir können ableiten, welche Aspekte davon für unsere heutige komplexe globalisierte Gegenwart in welcher Form integrierbar sind. Damit wir besser gerüstet sind für die Zukunft und in Würde unsere Weiblichkeit mit hoher Wirkungskraft und dementsprechenden Gestaltungswillen zum Klingen bringen. Unter dem Staub der Geschichte warten diese Qualitäten darauf, sich zu transformieren in zukunftsgerichtete Handlungen und Worte.

Machen wir uns also zunächst einmal vertraut mit den verborgenen Kräften der urweiblichen Seele. Als wesentliche Differenzierungsmerkmale zu urmännlichen Aspekten gelten vor allem diese im Folgenden näher beschriebenen Aspekte:

Frauen stehen durch ihr fokussiertes Interesse am (Zwischen-) Menschlichen vor allem für **Sozialisierung** in der Hinsicht, dass sie ein verbindendes Element besitzen, das für Integration steht. Dieser Aspekt orientiert sich an Beziehungen, baut diese auf, stärkt, pflegt sie, hält sie aufrecht und identifiziert sich stark über positive Beziehungen mit anderen Menschen.

Anhänger der Evolutionspsychologie sind davon überzeugt, dass sich die Frau aufgrund des Evolutionsdrucks in der Art ausdrückte, das sie familiäre, integrative, warmherzige, verständnisvolle, fürsorgliche und vorausschauende Eigenschaften herausbildete und entwickelte.

Die Versorgung der Kinder und die Erhaltung bzw. der Zusammenhalt des »Stammes« standen primär im Fokus. Dabei war die Frau stets auf das Soziale orientiert und formte ein stabilisierendes, enges Gruppengeflecht. Freundschaften und Beziehungen wurden gepflegt. Man kümmerte sich umeinander und der Alltag wurde organisiert. Frauen hielten dabei alles zusammen und waren weitestgehend auf sich selbst gestellt.

Dabei haben sie sich zwangsläufig eine bestimmte Form der **Krisenfestigkeit und -fähigkeit** sowie **Anpassungsfähigkeit** angeeignet.

In der römischen und griechischen Antike war das weibliche Prinzip die geltende Weltanschauung. Die Frau wurde als Schöpferin und Quelle des Lebens verehrt, die mit allen seinen Zyklen vertraut war. Die Frau verstand das Leben als Einheit von diversen, sich gegenseitig nicht ausschließenden Inhalten und Aspekten und hatte eine wichtige spirituelle Position.

Erst nach der Römerzeit nahm der Dualismus geltende Form an und alles wurde in zwei entgegengesetzte Pole unterteilt, die einander ausschlossen. Seither stehen alle Prinzipien des Lebens und Geschehens vom Denken her in Kontrast, in Opposition, in einem Spannungsverhältnis, das zum Trennungsprinzip und zu Kampf führt.

Im Spätmittelalter wurde schließlich jede Form der weiblichen

Einflussnahme und Macht diffamiert, verbannt und bis zum Tode verfolgt. Diese Zeit steckt Frauen kollektiv ›in den Knochen‹ und bewirkt noch heute eine teilweise Abspaltung der Weiblichkeit aus einer tiefen (Todes-)Angst heraus.

Ein wesentlicher urweiblicher Aspekt ist weiterhin der ursprünglich **gute Kontakt zum eigenen Körper**, das Wissen um dessen Gesunderhaltung, die Kenntnis der komplexen Körperzusammenhänge inklusive der Wahrnehmung von Missempfindungen auf körperlicher Ebene und damit auch eine innewohnende Selbstheilungsenergie und -wahrnehmung.

Als »Schöpferinnen« des Lebens ist Frauen ihr Körper in besonderer Weise nahe. Damit ist auch gemeint, dass sie eine instinktive Verbindung zum Körper besitzen, um die Zusammenwirkung der seelischen, körperlichen und mentalen Vorgänge wissen und diese als Einheit empfinden.

Frauen fühlen ihren Körper intensiv und differenziert. Sie erfahren seinen Ausdruck durch Impulse, Sinneswahrnehmungen und Sinneserfahrungen. Der Körper ist im urweiblichen Sinne ein feinfühliges Instrument der Selbsterfahrung, das Frauen in genau dieser sinnlichen Begegnung auch dazu nutzen sollten, Gefühlen ihren Ausdruck zu verleihen.

Auch wenn moderne Frauen sehr selbstkritisch mit ihrem Körper umgehen und oft ihr Äußeres ablehnen, weiß eine Frau aus dem Urverständnis heraus um ihre eigene Reinheit, Schönheit und Einmaligkeit.

Frauen sagt man weiterhin eine **enge Verbindung zu Gefühlen** nach, die sich im Inneren bilden und zeigen. Das ursprünglich Weibliche versteht es, die eigenen Gefühle als inneres Feingefühl oder feinstoffliche Empfindung wahrzunehmen und sie idealerweise anzunehmen.

Dabei haben Frauen auch feine Antennen, die Außenwelt und Umwelt zu erfahren, zu erfühlen, zu erkennen und emotional nachzuvollziehen, was Situationen mit ihnen machen.

Die Frau, sofern sie sich nah ist, erlebt dabei sowohl körperlich als auch emotional das *Sein* an sich (losgelöst vom eigenen Ego) und hat damit eine hohe Präsenz im gegenwärtigen Geschehen. Diese Erfahrungen wiederum werden sichtbar als Emotionen, die uns als Ausdruck unserer Gefühle nach außen dienen. Mit der engen Verbindung zur eigenen Gefühlswelt, einem ausgeprägten Gefühlsreichtum und emotionaler Tiefe geht zugleich auch eine Verbindung zu den Gefühlen anderer einher, eine stark ausgeprägte **Empathie** und hohe Emotionalität. Hiermit hängen das Mitgefühl und das Erfühlen der Bedürfnisse und Gefühle anderer und insgesamt ein einfühlsamer Beziehungsaspekt zusammen.

Eine Frau kann von ihrem Urwesen her gleichzeitig bei sich *und* bei anderen sein. Damit ist sie verstehend, annehmend, fürsorglich und integrativ.

Wenn sie in ihrem Körper ruht, einen guten Zugang zu ihren eigenen Gefühlen hat und diese annimmt, kann sie im Umgang mit den Gefühlen anderer sanft, weich, warmherzig rücksichtsvoll, gefühlsbetont taktvoll, umgänglich und großzügig umgehen. Durch diese verbindenden Gaben kann Trennung überwunden werden bis hin zur Annäherung an einen echten Gemeinschaftsgeist.

Das Achten auf Gefühle meint jedoch nicht Gefühlsduselei: Auch Gefühle sind ein Ausdruck unseres Intelligenzpotenzials und können zu Zielen führen. Gefühle haben jedoch eine andere Qualität und Geschwindigkeit als Gedanken und je tiefer Gefühle sind, desto relevanter ist es, ihnen den nötigen Raum zu geben.

Die Öffnung für den weiblichen Pfad passiert in diesem Zusammenhang über das Erleben von Gefühlen, die aus der Vergangenheit herrühren und Heilung erfahren dürfen, sowie über die aktuell vorhandenen Gefühle, die Beachtung erlangen möchten.

Durch das bewusste Erleben von starken Gefühlen, beispielsweise in Form von zugelassenen (also erlaubten) und intensiven Tränen, gelangen Frauen erst (wieder) in ihre emotionale Stabilität und Kraft.

Der Frau werden **starke Gemüts- und Stimmungsschwankungen** nachgesagt, die teilweise durch eine Abhängigkeit zu den Zyklen und Hormonen erklärt werden, die wiederum großen Einfluss auf unseren Stoffwechsel und unsere Psyche haben. Das Urweibliche, die Mutterfigur als Verkörperung des Werdens, Vergehens und Neuwerdens, steht jedoch auch für den Zyklus der Natur.

Mit Zyklen und Schwankungen leben Frauen bereits ab der Pubertät. Die Länge des Zyklus liegt gewöhnlich zwischen 20 und 36 Tagen, es kommt zu kleineren und größeren Schwankungen in Abhängigkeit verschiedener Ereignisse, auch durch Stress verursacht, und jede Frau hat ihren eigenen Rhythmus.

Mit einzelnen Lebensabschnitten oder -zyklen sind verschiedene hormonelle Umstellungen verbunden. Diese Veränderungen im Hormonhaushalt können starke Stimmungsschwankungen verursachen, ebenso körperliche und psychische Symptome. Hormone haben darüber hinaus Einfluss darauf, wie Frauen sich fühlen und wie sie sich der Umwelt gegenüber verhalten. Aber auch die Hormone sind ein Teil unseres Selbst. Sie werden oft verbannt und verleugnet, als seien sie uns nicht zugehörig. Wir empfinden sie als lästig, störend, belächeln uns selbst bzw. lassen uns als hormongesteuert belächeln.

Auch allgemein und geschlechtsunspezifisch kommt es innerhalb eines Tages zu Stimmungsschwankungen, mitunter zu Gefühlswallungen und gar -ausbrüchen. Daran gibt es nichts zu verurteilen. Verschiedene Stimmungslagen gehören zur Lebendigkeit des menschlichen Lebens.

Bei Frauen, die in ihrem Urwesen unter stärkerem Gefühlseinfluss stehen und eine große Nähe zu ihren Gefühlen haben, können Lebenssituationen und zwischenmenschliche Beziehungen zu emotionalen Turbulenzen führen und eine Gefühlslabilität auslösen.

Diese enge Verbindung kann sich aber auch als eigenes Potenzial in Form von Spontaneität ausdrücken, als Intuition, mit einem guten Zugang zu Träumen und Vorahnungen sowie dem Ableiten von Visionen.

Im Wahrnehmen von Stimmungsschwankungen liegen damit auch Chancen für eine Balance aus Aktivität, wenn man sich gut und vital fühlt, und Passivität, wenn man Ruhe und Rückzug braucht. In Stimmungshochphasen hat man meist mehr Kreativität und genug Elan, Dinge umzusetzen. In Stimmungstiefs kann man sich erholen, neue Kraft schöpfen und durch die (eigene) »seelische Waschstraße« fahren.

Auch wenn Frauen spontan und gefühlsreich reagieren, wissen sie manchmal nicht, warum. Die Ratio, unser Verstand, sucht dann nach Gründen und möchte unsere Gefühle bewerten.

Erst über die Annahme der Gefühle (die sich vor allem im Körperausdruck zeigen und indem wir uns nah sind und zu uns stehen) können wir Schwankungen akzeptieren und als Stärke begreifen, weil sie ein Teil und Ausdruck unseres Selbst sind.

Und erst der positive und schonungslos ehrliche Umgang mit Widersprüchen und Ambivalenzen, die in uns toben und zu einer inneren Zerrissenheit führen können, lassen uns reifen und leiten zu einer wahrhaftigen, unverfälschten Authentizität.

Frauen nehmen eine Vielzahl an eigenen und fremden Emotionen, Schwingungen, Gedanken außerhalb ihres Bewusstseins in sich auf, teilweise ohne es zu (be-)merken.

Wenn sich Frauen in ihrem Inneren nicht mehr wohl und in »vertrauter Umgebung« fühlen, geht das oft einher mit einer Art Chaos/Unordnung durch eigene und fremde Einflüsse. Es kommt zu unklaren Verhältnissen im Inneren und zu einem verborgenen oder gefühlten Bedürfnis danach, Ordnung zu schaffen.

Über der Ordnung steht nichts weniger als die Harmonie selbst als erstrebenswerter Aspekt unseres Lebens. Erst wenn Störquellen, die in jedem Fall wertvolle Hinweise sind und Raum für Erfahrung und große Lernerlebnisse geben, wirklich eruiert und ausgeschaltet sind, kann es zu einer Art höherer Ordnung kommen.

Bewegen wir uns (in Form von inneren Dialogen) wieder hin zu wichtigen Teilen unseres Urwesens, das wiederentdeckt und endlich befreit werden möchte, dann werden wir zunehmend sensibilisiert für eine enorme Stärke, die bereits in uns vorhanden ist.

Wir werden auch in der vermeintlichen launenhaften Unordnung Muster erkennen und die Muster als uns zugehörig empfinden. Es gibt nicht für alle Gefühle ausreichend Worte, aber es gibt andere Formen, sie zum Ausdruck zu bringen, und es gibt stets ausreichende Gründe für Gefühle.

Wir dürfen nicht länger Maßstäbe und Orientierungen übernehmen und akzeptieren, die nicht unsere eigenen sind, um uns dann als mangelhaft zu betrachten bzw. uns gar zu verleugnen um des allgemeinen Gefallens willen.

Gefühle sind nicht gut oder schlecht und werden uns nicht »von außen« gemacht, sondern sie spiegeln unsere Lebendigkeit und unseren Facettenreichtum wieder. Sie entstehen aus einer Echtheit und mit Blick auf das Ganze ganz natürlich aus uns heraus.

Diese inneren Vorgänge sind da – sie sind real. Gefühle streben danach, ausgedrückt zu werden. Auch um sich zu transformieren, zum Beispiel in kreative, ideenreiche Handlung. Sonst bleibt eine (aggressive) Restspannung.

Eigenschaften wie Emotionalität und die Fähigkeit, sich zu spüren, werden heute mehr denn je als wichtig eingestuft und in vielerlei Kursen (Achtsamkeit, Yoga, Meditation, Stressbewältigung) vermittelt, weil sie gebraucht werden als Qualität.

Weiblich als weicher, fließender und kraftvoller Ausdruck

a) Wie Wasser

Fließend wie Wasser, kann das Weibliche flexibel und anschmiegsam, brausend, spielend, kühlend, mitreißend, unbegrenzt, beweglich und weit, möglicherweise gar nicht mehr zu bändigen sein und dabei wechselhaft alle Formen annehmen.

Wasser fließt immer nach unten, in die Tiefe, als Bachlauf, Wasserfall, in einem Strom, und hat einen tiefen Grund.

Symbolisch für das Wasser sind unzählige Formen, sei es ein Tropfen oder das Meer, seien es Flüsse, Bäche, Seen oder Wolken. Wasser kann Wellen und Brandung, Mündungen und Seitenarme bilden, aber es ist nie gleich, sondern verändert sich im Fließen und Treiben. Es hat verschiedene Zustände und Ausdrucksformen, die beeinflusst werden durch Abhängigkeiten, zum Beispiel vom Mond (Ebbe und Flut) und vom Wind. Es trägt, hat aber auch Grund.

Wasser fließt nach unten, um sich am tiefsten Punkt zu sammeln und zu ruhen. Wasser nimmt auf und speichert in Form von Schwingungen Emotionen und Gedanken, es kennt eine Oberfläche und eine Tiefe.

Wasser als Vorbild symbolisiert nicht nur eine weiche Eigenschaft. Mit enormer Kraft und der Energie der Natur setzt es sich durch, indem es *ist* und nicht, indem es sich behauptet, diskutiert, sich »nach außen hin verkauft«. Wasser ist biegsam und flexibel, aber es lässt sich nicht beugen und nicht aufhalten.

Es ist aber auch spielerisch und in Balance und in Harmonie, frisch und klar im Ausdruck. Wasser passt sich dem Leben und den Bedingungen an, ist beharrlich und transformiert sich selbst permanent neu.

Unter Wasser kann man Gewicht leichter tragen; das heißt,

wir können für die wichtigen Themen, die in uns fließen möchten, »untertauchen« in die Tiefen unserer Gefühle und dort sind unsere Themen nicht mehr so schwer, sondern wir beginnen uns ihrer anzunehmen und sie zu verstehen.

Das Weibliche ist im Bild des Wassers somit eine Art Prinzip *zu sein*, ein stiller, offener flexibler und weicher Zustand.

```
b) Wie Bambus
```

Es gibt zahlreiche Arten von Bambus, solche, die im Stängel hoch und geradlinig wachsen, aber auch verzweigte, oft meterlange Halme sowie luftige, zierliche Kronen, halmartige Blätter mit zum Teil großen Blütenrispen. Man findet unterschiedliche Bambusarten, die sowohl in sehr warmen als auch in kalten Gegenden wachsen.

Bambus gehört zur Familie der Gräser und ist schlank und gleichzeitig stark. Er liefert einen wichtigen und höchst vielseitigen Rohstoff, der unter anderem als Lebensmittel, als Brenn- und Baumaterial, im Gartenbau und der Gartenkunst eingesetzt wird. Unter optimalen Bedingungen beweist der robuste, immergrüne Bambus größte Ausdauer, Elastizität und Hartnäckigkeit.

Der Stamm biegt sich im Wind, bricht aber nicht, sondern richtet sich immer wieder auf. Die Blätter geben nach, bewegen sich mit dem Wind, fallen dabei aber nicht ab.

Bambus steht für Wachstum, Langlebigkeit und für enorme Flexibilität bei gleichzeitiger Kraft und Festigkeit.

Die langsam und leicht fließenden Bewegungen strahlen natürliche Weichheit und Harmonie aus, verleihen gleichzeitig aber Kraft und Widerstandsfähigkeit Ausdruck.

Bambus kann in Abhängigkeit mit den Bedingungen des Lebens und der Natur sowohl ganz ruhig als auch lebendig sein.

Der Bambus als Vorbild symbolisiert, dass wir nachgiebig sein und zurückweichen können, ohne dabei Kraft zu verlieren. Im

Gegenteil bleiben wir stark, indem wir in bestimmten Situationen weichen, unser Ziel und unseren Weg aber nicht aus den Augen verlieren. Er steht auch dafür, dass wir wachsen können zu jeder Zeit, auch unter widrigsten Bedingungen.

Als Visualisierung und in der Betrachtung wirkt Bambus zudem vor allem aufgrund der Harmonie beruhigend und kreativ inspirierend. Er kann uns dabei helfen zu lernen, in wichtigen Situationen das einzig Richtige zu tun.

In seinen vermeintlichen Gegensätzen, die frei, friedlich und in Harmonie nebeneinander existieren, zeigt uns der Bambus auf eindrücklichste Weise, dass es nicht um Entweder-oder-Prinzipien geht, sondern in der Vereinigung von Gegensätzen ein unendliches Potenzial an Harmonie liegt, das zu großem Erfolg und Wachstum führen kann; dass die Gegensätze sich gegenseitig stehen lassen, nicht miteinander konkurrieren, und sich harmonisch aufeinander abstimmen können, auch im Zusammenspiel der weiblichen und männlichen Vereinigung.

Um nun wieder in unsere Urweiblichkeit zu kommen, fragen wir uns:

→ Verhalte ich mich aus meiner Sicht weich, gefühlsbetont und mit Feingefühl im Umgang mit anderen?

→ Wie ist meine Beziehung zu mir selbst?

→ Wie gehe ich mit anderen um? Von welcher Qualität sind meine Beziehungen?

→ Bin ich großzügig anderen gegenüber?

→ Wie ist mein Verhältnis anderen Frauen gegenüber und von was ist mein Umgang mit ihnen bestimmt? Was denke ich über andere Frauen?

→ Nehme ich Anteil am Leben anderer Frauen?

➜ Folge ich meiner Intuition, meinen Impulsen?

➜ Spüre ich mich selbst und meinen Körper gut bzw. in diesen hinein?

➜ Sind meine feinen Antennen überlagert von Schmerz, Angst, Enttäuschung und Wut?

➜ Habe ich mir eine Schutzhülle angeeignet und bin hart geworden?

➜ Wie wohl fühle ich mich mit mir und wie vertraut bin ich mir selbst? Fühle ich mich in mir geborgen?

➜ Wie lebendig und beweglich bin ich?

➜ Verstehe ich mich selbst? Welche Fragen bleiben offen?

➜ Ziehe ich mich gelegentlich zurück, um meinen inneren Stimmen Raum zu geben?

Potenzial und Erfolgskriterien – Begrifflichkeiten

Zunächst möchte ich einen wichtigen Unterschied erklären und Begrifflichkeiten differenzieren. In der Erwachsenenbildung teilt man die Qualifikationen einer Person in drei Felder ein:

1. **Wissen** (tätigkeitsspezifisches und ungebundenes)
2. **Können** (manuelles/geistiges)
3. **Verhalten** (Sozialverhalten allgemein und in der Führung, Arbeitsverhalten)

In der Personalentwicklung geht es um den Erwerb und die Entwicklung von Qualifikationen auf Basis dieser drei Elemente.

Man unterscheidet weiterhin zwischen Kompetenzen, Fähigkeiten, Fertigkeiten und Wissen sowie Stärken, Neigungen und Talenten auf der einen Seite und Erfolgskriterien und -aspekten zur Erreichung von Zielen auf der anderen Seite.

Das **Potenzial** einer Person beinhaltet **alles**, was in ihr steckt, alles was diese Person mitbringt, ausbauen und potenziell leben und erreichen kann; es wird hierbei alles oben Genannte berücksichtigt.

Potenzial wird definiert als »Fähigkeit zur Entwicklung; eine noch nicht ausgeschöpfte Möglichkeit zur Kraftentfaltung«[15] und »als Möglichkeit vorhanden«.[16]

Potenzial ist also eine Möglichkeit von Stärke und Macht, die immer den Aspekt der Entwicklung beinhaltet, da das gesamte Kraftpotenzial möglicherweise noch nicht voll ausgeschöpft ist.

Wenn es leicht einzuschätzen wäre, könnte man sich das Potenzial auf Skalen gemessen vorstellen mit verschiedenen Aspekten und konkreten Inhalten und dann jeweils einschätzen, in welcher (zum Beispiel prozentualen) Höhe man welches theoretische Potenzial bereits in Teilen erreicht hat (bzw. auslebt) und was mit denjenigen Potenzialen passiert ist, die wir noch gar nicht oder erst gering zum Ausdruck gebracht haben.

Es kommt bei diesen Überlegungen, Einschätzungen und Messungen dann zwangsläufig zu mehreren Deltas in Verbindung mit der Frage des *Warum*.

Bei der Arbeit mit Potenzialen muss man berücksichtigen, dass keine Person vermutlich ihr ganzes Potenzial nutzt. Ein Grund dafür kann sein, dass sie es eventuell noch nicht in Gänze kennt. Weiterhin hatte sie eventuell noch keine Erfahrung mit bestimmten Teilen/Aspekten ihres Potenzials, ist bisher noch nicht damit in Berührung gekommen.

In »Berührung« kommen beinhaltet gleich mehrere Aspekte: Zum einen scheint die Entdeckung des eigenen Potenzials eine Eroberungsreise zu sein; zum anderen »tastet man sich langsam vor« und »rührt« regelrecht im eigenen System, damit sich etwas »rühren« darf.

Diese Arbeit ist eine bedeutende Detailarbeit auf dem weiblichen Erfolgspfad und in ihrer Relevanz enorm hoch.

Sie muss behutsam, aber auch mutig und vehement durchgeführt werden. Potenziale haben die Eigenart, nicht immer offenherzig mit uns in Verbindung zu treten, und sind von Ängsten, Zweifeln, Irritationen, Lernerfahrungen, Glaubenssätzen geprägt. Daher sind Potenziale gut versteckt und werden dadurch nur zögerlich oder gar nicht sichtbar, was den Weg des Entdeckens oft steinig und zu einem mühsamen Erleben macht, aber ausschlaggebend für den weiteren Prozess ist.

Und **Möglichkeit** im Sinne des Potenzials bedeutet nicht gleichzeitig, dass die **Umsetzung** funktionieren muss. Vielmehr stellt sie eine potenzielle Chance dar, die wir nutzen können, aber nicht nutzen müssen und immer nutzen werden.

Oft werden Potenziale im Personalwesen und in der Personalentwicklung daher als Aspekte beschrieben, die andere in uns sehen, erkennen, vermuten. Dabei handelt es sich um einen Blick von außen auf uns als Person. Die anderen sehen Fähigkeiten und Kompetenzen und bilden Rückschlüsse auf unser Potenzial. Aufgrund dieser Aussicht machen sie sich ein Bild davon, wer wir sein könnten, was in uns steckt und noch nicht ausgelebt wurde.

Zugegebenermaßen haben die anderen einen Vorteil, über den wir selbst nicht verfügen: Sie beobachten uns und unser Verhalten, oft über Stunden, Tage, Jahre hinweg; wir selbst indes können das so in der Form nicht leisten, zumindest können wir unser Verhalten üblicherweise nicht (optisch) verfolgen.

Trotzdem bleibt die Frage, wieso wir es anderen überlassen wollen, zu wissen, was gut für uns ist und was wir können, um daraus Prognosen ableiten zu können?

Wie viel Mühe werden sich Vorgesetzte, Kollegen und Personaler geben, diesen Prozess mit uns zu gehen, und mit wie viel (filigraner) Detailarbeit werden sie ihn begleiten? Wie viel Zeit bedarf es, bis die Frage nach den Potenzialen zufriedenstellend beantwortet wurde? Kommt dabei am Ende etwas für uns Sinnvolles raus, wenn diese externen Stellen auch eigene Interessen verfolgen und ein (vorgeprägtes) Bild von uns haben, wenn sie also nicht neutral sind, sondern vorgefertigten Vorgaben und Kriterien folgen?

Vor allem bleibt es eine Tatsache, dass andere nicht in uns hineinblicken können. Gerade da, in unserem Inneren, findet sich ein sehr reicher Schatz an Antworten und schlummern, tief im Verborgenen vergraben, die tatsächlich spannenden Potenziale. Wir sollten die Aufgabe ihrer Entdeckung also definitiv nicht (vollständig) delegieren, sondern sie zur »Chefinnen«-Sache machen.

Um Außenaspekte nicht aus der Suche auszuschließen, können wir uns Feedback einholen, gezielt danach fragen bzw. uns passender Instrumente (z.B. Potenzialanalyse, 360-Grad-Feedback) bedienen, um uns dann ein eigenes Bild von uns selbst machen. Bei dem Prozess, Fremd- und Eigenprognose zusammenzuführen, hilft eine strukturierte, fachkundige Begleitung (z.B. durch Karriereberater, Coaches, Outplacement), um Klarheit und Orientierung zu schaffen, und dient als Wegweiser, der uns ordnend zur Seite steht.

Unser Potenzial und das Wissen darum sind gewissermaßen die Eintrittskarte in unsere Erfolgswelt. Weitere Zutaten müssen hinzukommen, um das Potenzial vollends auszuschöpfen: Dazu gehören Lust, Motivation und Spaß, aber auch die Lernbereitschaft und die Bereitschaft zur Veränderung und Weiterentwicklung, und natürlich die passenden Ziele sowie wichtige Begleitaspekte wie Ausdauer und Disziplin.

Bei **Stärken** unterscheidet man zwischen fachlichen und persönlichen Stärken. Zu meinen Stärken zählen bestimmte Kompetenzen, die ich mir angeeignet habe, Erfahrung auf bestimmten Gebieten, spezielle Fähigkeiten, eine aufgebaute Expertise, Experten-/Fachwissen und Fertigkeiten (›Was kann ich gut?‹) sowie Sozialkompetenzen und Persönlichkeitseigenschaften. Es geht hier vor allem um das, was uns ausmacht und von anderen unterscheidet. Es geht um diejenigen Aspekte, die, wenn man sie gezielt einsetzt, von Vorteil für unsere eigene Entwicklung und auch ein Mehrwert für andere darstellen können.

Die **Neigungen, Eignungen und Talente** beziehen sich darauf, was ich gerne mache, was mir leicht fällt und wofür ich am ehesten geeignet bin, von Natur aus und in meiner Entwicklung. Neigungen sind Vorlieben und Interessen, die wir schon früh entwickeln.

Ich kann mich für etwas eignen, aber nicht dazu neigen. Eignung hat also etwas mit Fähigkeiten und Talenten zu tun, was aber nicht heißt, dass wir dasjenige unbedingt gerne machen; es kann uns dann sogar anstrengen und blockieren auf dem Weg zu den wahrhaftigen Potenzialen, die gelebt werden möchten. Eine gewinnbringende Kombination ist *gut können* und *gerne machen*.

Erfolgskriterien sind wichtig zur Erreichung der eigenen Erfolgsziele. Sie können intern oder extern sein.

Es gibt Kriterien, anhand derer wir Ziele erreichen, also erfolgreich sein können, und die wir brauchen, um Erfolg überhaupt erst zu generieren. An diesen Kriterien lässt sich der Erfolg messbar machen und herunterbrechen auf Zeitabschnitte bzw. Phasen. Und es gibt kritische Faktoren, die den Erfolg positiv oder negativ beeinflussen können.

Wenn ich die Erfolgskriterien und die Aspekte, die ich habe und/oder benötige, gut kenne und einschätzen kann, wird der Erfolg sich eher einstellen.

Wenn ich meine Stärken, Interessen und Fähigkeiten optimal einsetze im Hinblick auf mein Potenzial, wird Erfolg leichter greifbar und es handelt sich zudem um denjenigen Erfolg, der zu mir passt.

Wichtig dabei ist die Frage, welche Ergebnisse ich überhaupt erzielen will.

Erfolgskriterien und -faktoren sind Aspekte und Fähigkeiten, aus denen in der Zukunft Erfolg generiert oder mindestens abgeleitet werden kann, sowie Einflussgrößen, die den Erfolg positiv bestimmen, und Bedingungen, die ihn beeinflussen.

Diese Kriterien sind maßgeblich zur Erreichung des zu generierenden (Erfolgs-)Potenzials.

Meistens verhält es sich so, dass echter, passender und spezieller Erfolg aufgrund seiner *Einzigartigkeit* zustande kommt und deshalb auch nur individuell zu erreichen ist. Als solchermaßen einzigartiger Erfolg kann er auch nur selten (erfolgreich) kopiert werden.

Weibliche Erfolgskriterien

Die folgenden Kapitel befassen sich mit dem Thema der weiblichen Erfolgskriterien und -aspekte. Ich werde in diesem Zusammenhang in zwei Schritten vorgehen, die sich inhaltlich insofern voneinander unterscheiden, als dass es zum einen um die wesentlichen Aspekte der weiblichen Einflussnahme zum Wohle des Ganzen geht und zum anderen um weibliche Erfolgskriterien, die man bei Frauen im Allgemeinen vermuten bzw. voraussetzen kann.

Frauen sollten aktiv einen größeren Einflussradius ansteuern und nutzen, um darin ihr Gedanken-, Verhaltens- und Handlungsgut mit Chancen für alle umzusetzen.

Aspekte der weiblichen Einflussnahme zum Wohle des Ganzen

Sechs Aspekten möchte ich als Auszug aus vielfältigen Möglichkeiten der beruflichen Einflussnahme auf das große Ganze, also im Sinne einer positiveren Unternehmenskultur und zum Allgemeinwohl, im Folgenden einen besonderen Fokus widmen:
- weiblich mit Herz und Bauch hin zu mehr Emotionalität;
- weibliche Einflussnahme;
- weiblicher Fokus auf die Inhalte und das Wesentliche;
- weibliche Fähigkeit zur Konsensbildung;
- weibliche Bewahrung von Werten und Prinzipien;
- weibliche Führung durch Veränderungsprozesse.

Weiblich mit Herz und Bauch hin zu mehr Emotionalität

Die Aspekte Herz/Leidenschaft und Bauch/Intuition für mehr Emotionalität ergeben eine unschlagbare Formel.

Herz
Das Herz ist der Motor unseres Lebens. Es gibt den Takt für alles vor und zeigt uns, wie vital wir sind und ob alles »im Takt« ist.

Zu den Herzensqualitäten gehören unsere Liebesfähigkeit als große Kraftquelle für ein mitfühlendes Miteinander mit entsprechender Empathie sowie Mut, (Lebens-)Freude, Kraft/Energie und Harmonie.

Das Herz hat verschiedene Bedeutungen und Funktionen, als Organ, als Symbol und Anteil unseres Seins sowie als Sitz der Gefühle. Man sagt auch, dass das Herz eine besonders schöpferische Kraft beinhaltet.

Im unternehmerischen Kontext, in dem Menschen (Mitarbeiter, Kunden) das Herzstück, den Motor des Unternehmens darstellen, darf es nicht länger »herzlos« zugehen. Frauen können diesen seit langem eher verschlossenen Zugang erneut öffnen, damit sich unsere Herzen wieder gegenseitig erreichen und die ganz eigene Sprache des Herzens da ausgleicht, wo Fronten entstanden sind und unüberwindbar erscheinen.

Herausforderungen können von »ganzem Herzen« angenommen und begrüßt und Konflikte mit Achtsamkeit, Wertschätzung, Eigenverantwortung und gegenseitigem Respekt wieder bereinigt werden. Unternehmen brauchen ein starkes und offenes Herz und entsprechendem Mut und Zuversicht für anstehende Veränderungen, die mit »reinem Herzen« ethisch und moralisch, im Sinne aller, angegangen werden.

Leidenschaft
Leidenschaft ist eine das Gemüt völlig ergreifende Emotion. Kontrolliert oder zügelt man sie, werden ihre positiven Aspekte damit auch eliminiert.

Leidenschaft ist eine stark transformierende Kraft, die Unmögliches möglich machen kann. Sie beinhaltet viel Hingabe und Idealismus, kann aber, besonders in übertriebenem Ausmaß, auch negativ werden, krank machen und zerstörerisch (ein-) wirken. Leidenschaft geht immer einher mit einer großen Portion Hoffnung und Euphorie, kann beflügeln und damit große Energien freisetzen für eine Sache, an die man glaubt und in die man

Hoffnung setzt, um am Ende in einen besseren Zustand zu gelangen.

Ohne Leidenschaft können keine wirklich großen neuen Erfahrungen gemacht oder Werke erschaffen werden. Sportler, Künstler und Schauspieler zeigen uns täglich, was sie mit entsprechender Leidenschaft erreichen können.

Häufig wird in Unternehmen echte Leidenschaft durch ein vorgespieltes Engagement in Form von zeitlicher Präsenz und vielen Überstunden ersetzt.

Zu oft werden Mitarbeiter, auch zunehmend Führungskräfte, regelrecht davon abgehalten, eigenhändig mitzudenken, mitzugestalten und sich selbst in vollem Maße und mit eigenen Ideen einzubringen. Damit wird Mitarbeitern das Gestalterische, das Kreative ausgetrieben. Es kommt zunehmend zu Resignationen, zu Lähmungserscheinungen bei zuvor leidenschaftlichsten Mitarbeitern. Mit dieser Reduktion aufs Mittelmaß gehen wichtige und notwendige Elemente verloren.

Am Anfang eines jeden (neuen) Projektes sollte man ganz »Feuer und Flamme« sein, entsprechend lodern und glühen vor Begeisterung und mit Leidenschaft, Hingabe, Verantwortung, Tatkraft, Schwung, Energie und Engagement an die Sache gehen.

Unternehmerische Leidenschaft in Form von Begeisterung, Überzeugung und Hingabe braucht es auch, damit Unternehmer (und Kunden) in etwas investieren.

Emotionen wie Leidenschaft und Herzlichkeit sind für andere spürbar, können (über die *Spiegelneuronen*[17]) vermittelt werden und wirken sowohl ansteckend als auch motivierend.

Nur wer ›in seinem Element‹ ist, wer etwas wagt, seine Komfortzonen verlässt und Ideen voranreibt, kann Großes vollbringen und das führt über entsprechende Träume und Visionen zu Wachstum und Innovation – den wichtigsten Gegenspielern und Verhinderern von Entlassungen.

Bauch und Intuition

Viele Unternehmen sind kopflastig und widmen sich Herausforderungen allzu abstrakt, vergeistigt und mit wenig Pragmatismus. Da unser Unterbewusstsein, wie zuvor dargestellt, die entscheidende Instanz für wichtige Entscheidungen ist, gehört es dazu, auch innerhalb der Unternehmenswelten auf innere Stimmen, Impulse, Eingebungen, Geistesblitze und Inspirationen zu hören, um Ideen abzuleiten als Antrieb für größere Initiativen.

Frauen bekommen schnell ein Gefühl dafür, wenn etwas nicht stimmt. Der Grund ist ihnen nicht immer (sofort) zugänglich, aber meist nehmen sie Stimmungen wahr, die nicht nur ihre eigenen Gefühle, sondern auch die der anderen spiegeln.

Genau diese Gefühle haben ihre Berechtigung – auch und besonders in der Arbeitswelt, wo sie weitestgehend vernachlässigt werden und Emotionalität meist vollständig ignoriert oder gar sanktioniert wird.

Ohne Fühlen und Emotionalität jedoch sind wir in einer Art Notzustand/Notstandsgebiet ohne Lebendigkeit und Lebenswert. Wir werden zu Gefühlsversehrten, die nichts mehr berührt, und verhalten uns entsprechend unbeteiligt und unkreativ, weil keine emotionale Bewegung von innen nach außen dringt.

Ein Bauchgefühl vermittelt uns ein Signal – im positiven und negativen Sinne. Die der Frau innewohnende Intuition, in Kombination mit Vorahnungen, kann zum Beispiel Unternehmen vor Fehlentscheidungen bewahren.

Impulse können Zeichen und Vorahnungen, aber auch simpler Ausdruck des Körpers sein, seine Bedürfnisse anzumelden. Als Reaktion darauf können zum Beispiel ungesunde Meetingbedingungen mit zu wenig Bewegung und Pausen, mit ungesunder Ernährung (ohne Mittagessen, aber mit vielen Keksen und zu wenig oder gar keinen Getränken) zu ungünstigen (Uhr-)Zeiten endlich abgestellt bzw. verändert werden.

Um in Balance zu kommen, braucht es in der Unternehmenswelt wieder diese starken Gegenpole zu den heute vorherrschenden kühlen, berechnenden und konkurrierenden Elementen der Unternehmensführung und -kultur.

Frauen, die tendenziell eine höhere Emotionalität aufweisen und denen auch der Umgang mit Emotionen naturgemäß eher liegt, sollten die Aspekte Herz/Leidenschaft und Bauch/Intuition aktiv einbringen und bewerben.

Vor allem haben sie die Möglichkeit, statt erster Schritte, Maßnahmen und Zeichen zu demonstrieren, dass diese Aspekte ein wertvoller und bisher fehlender Schlüssel zu einer verbesserten Unternehmenskultur sind und mittel- bis langfristig zu mehr Erfolg führen können und werden.

Bei Unternehmensentscheidungen und Fragestellungen können sich Frauen also fragen:

> ➜ Welche Anliegen kommen wirklich von Herzen?
> ➜ Wie findet meine Abteilung wieder zu mehr Leidenschaft und Schwung?
> ➜ Welchen leidenschaftlichen Beitrag kann ich konkret leisten?
> ➜ Wo fehlt es in meinem Team an Emotionalität?
> ➜ Welche Visionen verfolgen wir?
> ➜ Welcher Zuversicht folge ich selbst oder was brauche ich, um wieder zuversichtlicher zu sein?
> ➜ Wo geht es eher unterkühlt zu und fehlt es an Wärme im zwischenmenschlichen Bereich?
> ➜ Wie vital wirken wir in unserer Abteilung?
> ➜ Wie vital ist die Zusammenarbeit mit anderen Abteilungen?
> ➜ Bin ich selbst in meinem Element und wenn nicht, wie kann ich das Feuer in meiner Arbeit wieder entfachen?
> ➜ Gehe ich in meiner Arbeitsumgebung meinen Impulsen nach oder unterdrücke ich diese?

> Welche Ideen hatte ich zuletzt, und habe ich
> mich für diese eingesetzt?
> ➜ Was liegt mir auf dem Herzen?
> ➜ Was kann ich an meiner Haltung hin zu mehr
>   Herzblut ändern?
> ➜ Was sagt mein Bauchgefühl über die Stimmung im
>   Team und anstehende Aktivitäten?
> ➜ Welche inneren Stimmen und/oder Warnzeichen
>   nehme ich wahr?

Weibliche Einflussnahme

Durch das bei Frauen negativ besetzte Bild von Macht haben sie sich stark mit dem Thema auseinandergesetzt und verfügen über ein großes Bewusstsein für Machtmissbrauch in Verbindung mit Unterdrückung und Herrschaft.

Frauen haben in allen Teilen der Welt in der Vergangenheit vor allem ihre eigenen Erfahrungen mit dem Missbrauch von Macht gemacht. Sie besitzen also einen Erfahrungsschatz über Machtausübung und über das, was sie negativ bei ihnen auslösen konnte. Durch das eigene Erleben und Spüren bzw. kollektive Mitfühlen mit betroffenen Frauen und nicht allein über die intellektuelle Auseinandersetzung hat es sich wie ein Brandmal bei Frauen verankert, dass Macht und Gewalt eng verbunden sind und eine zerstörerische Kraft haben.

Studien zu häuslicher Gewalt, die über den späteren Verlauf von Aggressionen aufgrund von Missbrauch im Kindesalter forschten, haben statistisch und epidemiologisch einen wesentlichen geschlechtlichen Unterschied ausgemacht: Während Jungen, die häuslicher Gewalt ausgesetzt waren, später zu mehr oder weniger ausgeprägtem Aggressionsverhalten neigen und dabei oft selbst gewalttätig werden, neigen Mädchen eher dazu, Selbstbestrafungstendenzen zu wählen und ein Schuldbewusstsein mit sich herumzutragen. Beide Geschlechter erleben dadurch eine Wiederholung der kindlichen Erlebnisse, gehen nur in der Auswirkung anders damit um.

In einer Erweiterung dieser Erkenntnisse und Erfahrungen steckt die besondere Chance, dass Frauen Schuldgefühle und Selbstbestrafungen überwinden, sich aber nicht hin zum Ausleben von Aggressionen bei entsprechender Machtposition entwickeln müssen.

Übertragen auf die Einflussnahme im Beruf, würden Frauen, sofern es möglich wäre, eher einen alternativen Umgang mit Macht wählen.

Im Bewusstsein, Macht auszuüben, *ohne* diese zu missbrauchen, liegt die eigentliche Option der Frau, nämlich in der Rolle einer Einfluss- oder Machtträgerin.

Sie kann durch ihr alternatives Verständnis mit ihrem Einfluss zu einer Art Vermittlerin einer neuen Zeit werden. Einer Zeit, in der Einfluss im Kontext des Allgemeingutes steht und in der Macht »*gewaltfrei*«[18] wirksam angewandt werden kann.

Wenn Frauen Macht nicht anstreben um der Macht willen, können sie auf den in der Wahrnehmung positiveren und angenehmeren Part, nämlich den der Einflussnahme, zurückgreifen, und sind nicht abgelenkt.

Notwendige Veränderungen und Anpassungen können im Sinne des Unternehmens und der dort arbeitenden Menschen vorgenommen werden, **ohne** die eigene Positionierung und damit ichbezogene Interessen und Ziele in den Fokus zu stellen.

Gute Ideen, Ideale, Wunschvorstellungen können auf höherer Ebene platziert werden und sich potenzieren. Menschen können durch Einfluss nicht nur erreicht, sondern positiv geprägt und motiviert werden.

Weiblicher Fokus auf die Inhalte
und das Wesentliche

Gerade weil es sich aktuell in Unternehmenskulturen oftmals intern nicht um die Inhalte, sondern um ganz andere Ziele und Interessen dreht und in Konferenzen Statusgerangel, Positionieren, Dominanzverhalten und Präsentieren (in Form des Verkaufens der eigenen Interessen) auf der Tagesordnung stehen, ist es notwendig, die eigentlichen Inhalte wieder ins Zentrum zu stellen und die Sinne auf das Wesentliche zu richten.

Wo wir mit unserer Aufmerksamkeit sind, ist unsere Energie und alles andere wird weitestgehend ausgeblendet; das heißt konkret, hier werden zugunsten des Kampfes um Rangordnungen inhaltliche Themen zurückgestellt und nötige Entscheidungen nicht gefällt.

Um die anstehenden Angelegenheiten tatsächlich in Gang zu bringen und umzusetzen, müssen Inhalte prozessorientiert angegangen werden. Strukturen und Prozesse sind durch Reorganisationen, hektisches Treiben und Aktionismus der Beteiligten jedoch aus dem Ruder gelaufen. Schnittstellenprobleme legen ganze Bereiche lahm und erwartete Reports oder Statusberichte belasten inzwischen häufig das normale Maß an Akzeptanz, Toleranz und Erträglichkeit und zerstören zudem jegliche Kreativität und Freiraum.

Meetings, Veranstaltungen und Konferenzen sind in Format, Zeit, Sinn, Ziel, Form und Kommunikation bis hin zum Verhalten Einzelner und der Mitarbeiter untereinander mitunter untragbar geworden.

Ambivalenzen und Doppelbotschaften, zum Beispiel in der Zielvergabe (*Performance Management*) in Form von unüberwindbaren gegensätzlichen Inhalten, irritieren und verunsichern Beschäftigte nicht nur, sondern führen bereits mittelfristig zu Resignation und Silo-Denken/-Mentalität. Sie erzeugen nicht nur eine Misstrauenskultur mit gegenseitigen Be-, Anschuldigungen und Schuldzuweisungen, sondern langfristig auch Krankheit, wie die statistischen Krankenkassenzahlen belegen.

Einzelne Gründe für den Anstieg der typischen Berufskrankheiten sind seit Jahren auch aus Mitarbeiterbefragungen ableitbar, die zunehmend gezielte Zusammenhänge zu krankmachenden Unternehmensaspekten zulassen.

Vor allem psychosoziale Belastungen gehen auf Kosten derer, die noch etwas fühlen und keinen Sinn mehr im täglichen Tun erkennen, weil es sie zu Arbeits- und Leistungsmaschinen macht, die die eigene Belastungsgrenze und die eigenen Bedürfnisse nicht mehr wahrnehmen und sich über Gebühr verausgaben.

Auch stellt man immer mehr Verrohung fest im zwischenmenschlichen Bereich in Form von entgleisender Sprache/Kommunikation, negativer Fehlerkultur (»*finger-pointing*«, Vorführen, E-Mail-Politik, Ablenkmanöver statt Lösungsfindung), schlechten Manieren und Umgangsformen im sozialen Verhalten bis hin zu unethischem Verhalten. Auch Mobbing und Ausgrenzungen sind häufig anzutreffen sowie ein Anstieg der Suchtproblematik.

Mitarbeiter unterhalten sich inzwischen öffentlich in Sozialmedien oder auf der Zugfahrt unter Nennung der Firma über schlimmstes Missmanagement. Führungskräfte werden nicht mehr ernst genommen, in vielen Unternehmen geht es bitter und unterkühlt zu bei gleichzeitig brodelnder Gefühlslage.

Psychosoziale Einrichtungen und Anlaufstellen in Unternehmen können nichts ausrichten, wenn die Ursachen nicht bekämpft und abgestellt werden. Psychotherapeutische Behandlungen bieten erst nach einer Wartezeit von acht bis zwölf Monaten Hilfestellung, können der aktuellen Lage der Betroffenen in Form und Inhalt also nicht angemessen gerecht werden. Unser Gesundheitssystem fällt aufgrund der steigenden psychosozialen und psychischen Erkrankungen mehr und mehr in sich zusammen.

Das ist keine Schwarzmalerei, sondern der Ist-Zustand im erweiterten Mittelstand und in Konzernen.

Neben der Produktivität, der Wettbewerbsfähigkeit und all

den anderen überlebensnotwendigen Themen in Unternehmen, die die externen Rahmenbedingungen darstellen, gehört zum wirtschaftlichen Erhalt des Unternehmens auch die Gesundheitserhaltung der Mitarbeitenden, auf die auch alle anderen, nachhaltigen Themen aufbauen.

Frauen können sich aufgrund ihrer zuvor beschriebenen besseren Körper- und Gefühlswahrnehmung und dem ganzheitlicheren Blick auf diese Themen einstellen und systemisch inhaltliche Konzepte ableiten. Krankheit ist kein Ausdruck des Versagens, sondern ein Zeichen dafür, dass etwas nicht stimmt und sich die Menschen in den Unternehmen der Eigenfürsorge und Eigenpflege widmen müssen.

Frauen können Einfluss darauf nehmen, dass Unternehmen da entschleunigen, wo heute zu schnell und ohne genügend Umsicht vorgegangen wird, und wiederum dort Dynamik und Bewegung (hin)einbringen, wo Dinge stagnieren, wo Resignation sich breit macht und anstehende Entscheidungen »ausgesessen« werden.

Getreu dem Motto der drei Affen, (laut westlicher Interpretation und damit Verfärbung der eigentlichen Bedeutung) nichts sehen, nichts hören und nichts sagen zu wollen, befinden sich Unternehmen zunehmend in Stagnation. Die Voraussetzung für ein Handeln zum Wohle aller im Sinne eines positiven Wandels bleibt daher aus.

Es ist an der Zeit, diese Dinge anzusprechen, anzugehen und nicht länger über sie hinwegzusehen. Frauen haben von ihrem Urprinzip her die Tendenz, nicht wegzuschauen und stattdessen Missstände aufzudecken.

Mit den Sinnen auf das Wesentliche fokussiert, können diejenigen Frauen, die kein Machtstreben haben, aber etwas Sinnvolles und Bedeutendes tun wollen, sich entwaffnend und überraschend da einbringen, wo sie am allernötigsten gebraucht werden und wo Themen und Inhalte darauf warten, endlich angegangen zu werden!

Weibliche Fähigkeit zur Konsensbildung

Aus dem weiblichen Urprinzip heraus, fürsorglich und gleichermaßen für alle im Voraus mitdenkend zu planen und zu gestalten, erleben Frauen oft innerlich ein gutes Gefühl, wenn es allen im Kollektiv gut geht. Auf der Suche nach Verbundenheit ziehen sie ein positives Gefühl dann heraus, wenn es Lösungen und Wege gibt, die für alle etwas Richtiges, Gutes beinhalten, wenn es also keine Gewinner und Verlierer gibt.

Archetypisch geht es dabei darum, dass sich die Frau am Du und Wir orientiert, also um eine harmonische Einheit bemüht ist. Das liegt daran, dass für Frauen im Allgemeinen die Beziehung, primär die Bindung zu Menschen, im Vordergrund steht. Es geht also um Verbindungen statt um Trennungen. Diese Verbindungen oder Netze führen zu einer eher netzorientierten, aus vertrauensvollen Bindungen bestehenden Mentalität.

Ein emotional stabiler, positiver Beziehungsaufbau und -erhalt steht dabei für Frauen im Vordergrund. Das naturgegebene Streben danach führt dazu, dass sie eher ganzheitlich denken, was sich dadurch ausdrückt, dass Gemeinsamkeiten gesucht werden, kleinste Nenner, Überschneidungen bzw. Schnittmengen, die ein Wirgefühl herstellen und aus denen gemeinsame Ziele abgeleitet werden können.

Aus dieser Tendenz und Haltung heraus fokussieren sich Frauen stark auf das, was für andere wichtig ist; eine gute Voraussetzung, um zum Beispiel in Verhandlungen die Interessenslagen anderer schnell zu erfassen. Frauen spricht man feine Antennen für Gesagtes und Unausgesprochenes und für das Wertesystem nach. Das verbindende Element macht es ihnen möglich, sich emphatisch, umsichtig und leicht in andere hineinversetzen zu können, sich »einzufühlen« und »einzudenken«.

Bei verschiedenen Interessen und Verhandlungen kommt es oft zu typischen festgefahrenen Pattsituationen. In diesen Interessens-

und Zielfindungsprozessen können Frauen aktiv dafür sorgen, dass die Interessenslagen aller beachtet und ausgeglichen werden. Dabei können sie Konflikte deeskalieren oder konkret bei der Schlichtung unterstützen. Der gemeinsame Lösungsweg, also die Konsensbildung, scheint für Frauen dabei oft der einzig sinnvolle Weg zu sein.

Die Gefahr ist, dass Frauen ihr eigenes Interesse dabei zu leicht aus den Augen verlieren, sehr viel Kraft für den Beziehungsaufbau und die Aufrechterhaltung von Harmonie aufwenden und sich bei ihrem Versuch, sich der Interessen aller zu widmen, verzetteln. Ihre eigenen Wünsche und Ziele stellen sie dabei zurück und werden sich selbst untreu.

Darüber hinaus erkennen Frauen auch schnell aus ihrem tiefen Verständnis heraus, dass gerade bei Konflikten und wenn die Beziehungsebene nicht geklärt ist, niemand wirklich konstruktiv an Lösungsfindungen arbeiten kann. Oft sind Prozesse und Schnittstellen arbeitsverhindernde Baustellen, die das Miteinander erschweren und zunächst optimiert werden müssen. Neben einem größeren, nachhaltigeren Panoramablick können hierbei ebenso auch Fantasie und Kreativität helfen, diese Stolpersteine aus dem Weg zu räumen.

Bei der Konsensbildung kommt Frauen eine weitere Fähigkeit zugute, die aktiv genutzt werden kann, um zu einer Lösung zu finden: die ausgeprägte Kommunikationskultur und -gabe, und damit verbunden, die Neigung zur Aufrechterhaltung der Kommunikation. Auch wenn Frauen nicht immer eine für sich selbst smarte Gesprächsführung anwenden, so besitzen sie dennoch oft eine kommunikative Überlegenheit.

Kommunikation ist »Verständigung untereinander; zwischenmenschlicher Verkehr besonders mithilfe von Sprache, Zeichen. Beispiele: *sprachliche, nonverbale Kommunikation; Kommunikation durch Sprache*«[19] oder wird mitunter definiert als »(...) die Beschreibung dafür, dass dabei Distanzen überwunden werden können, oder (...) dass *Gedanken, Vorstellungen, Mei-*

nungen und anderes ein *Individuum* ›verlassen‹ und in ein anderes ›hinein gelangen‹ (...)«.[20]

Dies beinhaltet auch Symbole, die aktiv genutzt werden können, um die Kommunikation zu verändern, zum Beispiel in Form einer ›blumigen‹ Sprache, die mit Bildern arbeitet und das ausdrückt, was ich beim Anderen wahrnehme.

Im übertragenen Sinne liegt hierbei die Chance darin, mehr Wege zu finden, um bei Verhandlungen Gedanken- und damit Interessengut von einem zum anderen Partner zu transportieren.

In kommunikativen beruflichen Situationen neigt die Mehrzahl der Frauen dazu, Sprechende möglichst nicht zu unterbrechen, positive Rückmeldung zu geben, vor allem in Form von nonverbaler Kommunikation (Bestätigung durch Nicken, Lächeln etc.), und viele Interessensfragen zu stellen. Das kann sich im Zusammenhang einer potenziellen Konsensbildung sehr positiv auf die Atmosphäre und damit auf die Bereitschaft zur gewaltfreien, antiaggressiven Auseinandersetzung mit den Interessen der anderen auswirken und Verhandlungen zu einer angenehmen Situation für alle werden lassen.

Die weiter oben genannte Überlegenheit kann sich negativ in Form von Manipulation zeigen. Bei einer gut entwickelten, reifen Kommunikation wird sich Überlegenheit jedoch in einer eher kooperativen und konsensorientierten Art ausdrücken, die dem Allgemeinwohl zugute kommen kann in der Weise, dass nachhaltige Kompromisse angestrebt und gefunden und dass Argumente verdichtet und umsichtig erklärt werden.

Auch die Problemwahrnehmung von Frauen, aus der ableitend Herausforderungen im komplexen Umfeld und damit im System gesehen und gewürdigt werden, kann in Gruppenentscheidungsprozessen helfen. Sie beinhaltet, dass Frauen Störquellen, die sie einmal wahrgenommen haben, möglichst bearbeiten bzw. ausschalten möchten in der Weise, dass diese gründlich erforscht und besprochen werden und den Weg zu langfristigen Lösungen ebnen.

Weibliche Bewahrung von Werten und Prinzipien

Ein weiteres als urweiblich geltendes Bild der Frau ist das der Behüterin, Bewahrerin und Halterin des Alten, meistens in Form von bestimmten Prinzipien und Werten. Frauen sagt man nach, »alles zusammenzuhalten«. Das beweisen sie im Familien- und Sozialleben durch Aufrechterhalten und Pflegen von Kontakten und Familienstrukturen. Überträgt man dies auf die Unternehmenswelt, kann die Frau vor allem da Einfluss nehmen, wo Dinge schnell und arglos geändert werden, weil Neues entstehen soll und Altes als »überholt« gilt.

Anpassungsfähigkeit und Flexibilität sind heute wichtige Kompetenzen. Jedoch werden mit Blick auf die großen Ziele drastische Veränderungsprozesse oft zu schnell in Gang gesetzt, ohne dass die Mitarbeiter und Führungskräfte genügend Vorbereitungszeit eingeräumt bekommen und die Organisation mit den neuen erforderlichen Kompetenzen ausgerüstet wurde.

Ebenso alarmierend ist es, dass diese Veränderungen meistens nicht konsequent bis zum Ende durchdacht wurden, unter anderem wegen der eher instabilen »Durchlaufzeiten« im Management sowie Visionen und Planungen, die auf maximal zwei Jahre ausgelegt sind.

Kreativität und Experimentierfreude sind dann gute und wertvolle Fähigkeiten, wenn man sie klug und an der richtigen Stelle zur richtigen Zeit einsetzt. In der unternehmerischen Realität jedoch werden Menschen wechselnden stattlichen Veränderungen (Umbauten, Umzüge, Verschlankungen, Reorganisationen, Outsourcing/Offshoring) ausgesetzt. Den Einzelnen wird dauerhaft und ohne Erholungspausen viel zugemutet, ohne Rücksicht auf langfristige Folgen.

Das führt zu immensen Verunsicherungen und vor allem auf personeller, psychosozialer und menschlicher Seite kommt es zu erheblichen Krisen. Die Folge sind Unproduktivität und Demotivation.

Frauen verschließen sich modernen Erneuerungen nicht und investieren unter anderem durch Literatur und Kurse verhältnismäßig viel in die eigene Persönlichkeitsentwicklung, was ein Beispiel dafür ist, dass sie grundsätzlich eine positive Haltung zur Veränderung haben und Veränderungsbereitschaft zeigen.

Diese Bereitschaft muss sich aber zunächst ihrem prüfenden Blick stellen, der die nachhaltigen Vorteile für verschiedene Ebenen abwägt. Insofern gilt bei Frauen die Devise, dass Veränderung möglichst zum Wohle aller oder zumindest vieler geschieht, die eigenen Potenziale und die der anderen positiv fördert/weiterentwickelt mit dem Ziel, letztlich besser aufgestellt zu sein und eine positive Wendung zu erfahren.

Die Eigenschaft der Behüterin beinhaltet natürlich auch, nicht (so schnell) loslassen zu können und ein zum Teil angstbesetztes Abkoppeln von Altbewährtem.

Gerade im demografischen Wandel, wo Altbewährtes oft durch fehlende Nachfolgeregelungen und Programme zur generationsübergreifenden Wissensvermittlung verloren geht, kann die Frau in ihrer Rolle als Hüterin positiv zur Würdigung und Achtung der Leistung der »Altgedienten« und zur Erhaltung von altem Wissen beitragen. Dazu gehören sowohl Leitprinzipien, die zu Entscheidungen geführt haben, als auch das wichtige Würdigen der Rolle der Vorgänger (im Sinne der Aspekte Rangfolge, Zugehörigkeit) aus systemischen Lern- und Beratungstheorien.

So, wie der einzelne Mensch eine Summe seiner Erfahrungen und Lernprozesse ist, ist es auch bei Unternehmen; ihre Vorgeschichte und die Beteiligung realer Persönlichkeiten an der Unternehmensführung sind von hoher Bedeutung für alle späteren Erfahrungen. Unternehmen sind lernende Organisationen und darin ein sich gegenseitig rückwirkend und in die Zukunft hinein bedingendes System.

Prinzipien sind oft wie Werte, aus denen heraus sich ein Unternehmen ursprünglich gegründet, bewegt, weiterentwickelt hat. Mit dem Erinnern an diese Prinzipien, die – wie auch andere

(Lern-)Systeme, etwa Schulen und Universitäten zeigen – eine Grundlage und damit das Fundament bilden und darstellen, können Wandlungen und Veränderungsprozesse, die anstehen, mit dem nötigen Respekt für die Unternehmenskultur und mit entsprechend sensibler Umsicht geplant und durchgeführt werden.

Diese Voraussetzungen werden benötigt, um Mitarbeiter aller Ebenen auf dem Weg der Veränderung mitzunehmen und sie einzuladen, diesen mitzugehen und die nötigen Schritte überzeugend mitzugestalten.

Durch ihr vorausschauendes und ganzheitliches Denken können Frauen dafür Sorge tragen, dass die Rahmenbedingungen detaillierter durchleuchtet werden, auch weil Handlungsspielräume in ihrer Dynamik maßgeblich von anderen Systemelementen bestimmt werden. Gerade bei Veränderungsprozessen ist es ratsam, den Gesamtkontext, also das ganze System mit einzubeziehen und zu berücksichtigen und sich die Mühe zu machen, sich in die Konsequenzen im Vorfeld einzudenken, aber noch wichtiger: *einzufühlen.*

Gerade in Umbruchsituationen sind die Emotionen und Gefühle der einzelnen Systemmitglieder extrem in ihren Ausprägungen; Spannungen liegen in der Luft, Gefühlsausbrüche sind vorprogrammiert. Je mehr man in Unternehmen versucht, diese Vorahnungen, Mutmaßungen und konkret aufflackernden Gefühle, Widerstände und Blockaden zu übersehen oder gar zu unterdrücken bzw. zu unterbinden, hat man den wesentlichen Kern der Erfolgsaussicht bei Veränderungen verkannt: die einzelnen Menschen im Unternehmen.

Bei der Prozessbegleitung gehört weiterhin zum Einflussgebiet der Frau, dass eine gewisse Nachvollziehbarkeit von Veränderungsmaßnahmen archiviert und jederzeit abrufbar sein muss; zum Beispiel müssen auch spätere Fehler nachvollziehbar sein, in dem Sinne, dass die Ursache der Entstehung tiefer zurückliegt und zum Teil etwa auf ein zu schnelles Verwerfen von Ideen und Konzepten zurückgeht.

Weibliche Führung durch Veränderungsprozesse

Aus den vorangegangenen Aspekten ist ableitbar, dass die Begleitung und Leitung in Veränderungen sowie die Führung von Veränderungsphasen durch Frauen von großem Erfolg geprägt sein kann.

Gerade bei *Change Management*-Prozessen ist es elementar wichtig, andere in Entscheidungsprozesse mit einzubeziehen, auch oder gerade *weil* dies aus heutiger Sicht und bei heutigen Vorgehensweisen oft nicht in dem Maße praktiziert wird, wie es für die Organisation wichtig und richtig wäre und die negativen Auswirkungen überall ablesbar sind.

Es geht nicht um Lippenbekenntnisse, Pseudo-Maßnahmen oder vorgetäuschte Mitentscheidungen, sondern darum, sich gegenseitig zu vertrauen, Zutrauen zu haben, teilen zu können und den Anderen ernst zu nehmen sowie an bestimmten Stellen Verantwortung zu übernehmen und sie dagegen an anderen Stellen abzugeben. Voraussetzung dafür sind die damit einhergehenden Einstellungen und relevanten Fähigkeiten.

Zum anderen ist der Tatsache Rechnung zu tragen, dass es in der Unternehmenswelt um einen Umgang mit Erwachsenen geht und nicht um den mit Kindern, für die andere (meistens die Eltern) weitestgehend Entscheidungen treffen müssen. Längst ist bekannt, welche Vorteile es hat, wenn sich Mitarbeiter und Betriebsräte entsprechend ernst genommen, angehört und gesehen fühlen und die Entscheidungen mittragen, was besonders bei Veränderungsprozessen ein bedeutender Faktor ist. Dabei geht es weniger um sogenannte »Weichspül-Softfaktoren« und -argumente als tatsächlich darum, dass Menschen Zeit brauchen, um Prozesse nachvollziehen zu können.

Man darf den Mitarbeitern grundsätzlich zutrauen, solche Prozesse zu verkraften, und ihnen die Beweggründe und Absichten zumuten, natürlich im Rahmen der Möglichkeiten, welche die Rahmenbedingungen bieten, zum Beispiel die Bewahrung von Geschäftsgeheimnissen etc.

Verständlich ist auch, dass ein allein haftender Inhaber/Unternehmer, der die Verantwortung trägt für seine Entscheidungen, diese nicht immer abstimmen und auf verschiedene Rücken verteilen kann. In den meisten Fällen ist die Unternehmensführung innerhalb von Konzernen aber ebenfalls im Angestelltenstatus und unterscheidet sich von anderen Mitarbeitern insofern »nur« durch die übergeordnete Funktion und Position mit mehr Verantwortung.

Externe Unternehmensberater, Wirtschaftsprüfungsunternehmen und ähnliche Stellen warnen meist davor, zu früh in die Kommunikation mit Mitarbeitern einzusteigen. Es gibt unzählige Argumente, die dafür oder dagegen sprechen. Am häufigsten wird genannt, dass sich eine Organisation ab dem Zeitpunkt der Kommunikation von anstehenden Veränderungen nur noch mit sich selbst beschäftigt und die Einzelnen fast ausschließlich Zeit damit verbringen, ihre Position zu festigen; es kommt dadurch zu großen Unruhen und Unsicherheiten.

Diese Einstellung, die damit einhergehende Intransparenz und die außen getragene Pokerface-Methode seitens der Unternehmensleitung – trotz schwerer Krisen und Herausforderungen –, bewirkt auf tieferer, unbewusster Ebene jedoch viel größere Gefahren, denn die allgemeine Verunsicherung und Unkenntnis der genauen Zusammenhänge und Aussichten verankern sich nachhaltig und prägen und schwächen das Unternehmen für immer, vor allem in punkto Vertrauen.

Als Dimensionen einer gesunden Führung wird im Buch »Führung und Gesundheit«[21] unter anderem beschrieben, dass **Transparenz, Offenheit** und **Durchschaubarkeit** als positive Dimensionen gesunder Führung gesehen werden, wonach **Pokerface, Misstrauen, Führung durch willkürliche Entscheidungen** zu ungesunder, also krankmachender Führung, gehören.

Gerade aufgrund der Vielzahl an Veränderungen und der bisher geschlagenen Wunden ist es wichtig, bestehende Vorgehensweisen nicht nur zu überdenken, sondern abzulegen und wieder zu einem partizipierenden und integrativen Stil zu gelangen.

Indem Unsicherheiten aufgefangen werden und anders (weiblich geprägt) an Veränderungen herangegangen wird, vor allem bezüglich des Umgangs mit interner Information/Kommunikation, könnte eine neue, weichere Färbung bei Veränderungen bewirkt werden, die im Zusammenspiel mit männlichen Erfolgskriterien und -strategien zu nachhaltigeren und echteren Erfolgen führt.

Statt der zeitversetzten fruchtlosen Diskussionen sowie der Beschäftigung mit Widerstand, Angst, Ablehnung und Blockade könnten vorab partizipierende Methoden und Mittel gefunden und etabliert werden. Hier könnten Unternehmensziele wie auch unausweichliche Maßnahmen mit einem besseren Verständnis für die menschlichen Belange verknüpft werden.

Der weibliche Part der Einflussnahme kann zum einen so aussehen, dass die Unternehmensziele und die Vorgaben visualisiert werden im Hinblick auf verschiedene Lösungsmodelle. Dabei gilt, dass das, was wir uns vorstellen können, auch real werden kann. Wenn Denkblockaden wegfallen, kann man durch das kreative Durchspielen und die aufkommenden inneren Bilder die Risiken und Stolpersteine, aber auch die Chancen, ausmachen.

Auf der anderen Seite stehen die bisherigen Lösungen. Dazu kommen die Sichtweisen und Ideen der Mitarbeiter und zugleich Repräsentanten der einzelnen Ebenen, die gleichberechtigt nebeneinander stehen, sowie die Gefühle und Bedürfnisse (nicht Interessen) der einzelnen Personen und Funktionen. Diese fallen zwar auch individuell verschieden aus, aber aufgrund von Erfahrungswerten gibt es nachvollziehbare und damit im Voraus kalkulierbare Überschneidungen und Wiederholungen an Reaktionen und Gefühlen, die man berücksichtigend in seine Planungen einfließen lassen kann.

Weibliche Führung durch Veränderungsprozesse kann im Aufbau, der Leitung und Moderation übergeordneter Foren und

Arbeitsgruppen mit zeitlicher und emotionaler Ansprechbarkeit und Präsenz erfolgen. Frauen können dabei interne Kommunikationsalternativen zu heutigen Praktiken einführen, etwa respektvolle, sich gegenseitig achtende und annehmende Dialoge in allen hierarchischen Ebenen sowie kollegialen Austausch und kollegiale Begegnung. Ein wichtiger Aspekt ist die Würdigung der Mitarbeiter und Führungskräfte als Motor und *Mit*tragende statt *Leid*tragende auf dem Weg großer Veränderungen.

Würdigung hat sehr oft etwas mit gesehen und angenommen werden zu tun. Erhalten Mitarbeiter und Führungskräfte also grundsätzlich die Möglichkeit, Lösungsansätze mitzugestalten und Alternativen durchzuspielen, kann entweder tatsächlich ein neuer, alternativer Weg gefunden und das Ruder herumgerissen werden oder am Ende der Überlegungen erleben und spüren die Mitarbeiter selbst, dass es nur eine logische Lösung gibt (zum Beispiel bei Entlassungen oder anderen drastischen Maßnahmen), und es kommt zur Akzeptanz des Unausweichlichen.

Aber auch hier kann Einfluss darauf genommen werden, mit welchen Mitteln, Strukturen, Wegen und Schritten vorgegangen wird, um es allen Beteiligten leichter und im psychosozialen Kontext sozial erträglicher zu machen.

In jedem Fall ist der potenzielle und tatsächliche Einfluss der Repräsentanten eines jeden Unternehmenszweiges wichtig, so klein er auch sein mag.

Wir können Dinge besser einordnen und annehmen, wenn wir uns gewürdigt fühlen in unserer Menschlichkeit. Andernfalls fühlen wir uns ausgegrenzt und grenzen später im Gegenzug für das Unternehmen wichtig werdende Aspekte wie Enthusiasmus und Euphorie aus. Damit fehlen Unternehmen dann zu einem späteren Zeitpunkt (also nach der Veränderung) neben dem Vertrauen die Leidenschaft aller Beteiligten sowie der Schaffensdrang.

Bleiben der Wille und die Motivation der Mitarbeiter aus, passiert auf operativer Seite wenig in der Umsetzung der Veränderungsmaßnahmen, die aus den Strategien abgeleitet werden. Wird der Wille durch Ablehnung sogar geblockt, können Unternehmensaktivitäten und -bereiche teilweise ganz lahmliegen.

Eine Identifikation der Mitarbeiter mit dem Unternehmen – groteskerweise meist von der Unternehmensleitung zu allen Zeiten, also auch bzw. *gerade* in Veränderungsprozessen gefordert, obwohl das nicht eingefordert werden kann – ist generell nur dann möglich, wenn die Mitarbeiter tiefe Einblicke bekommen.

Sich identifizieren heißt auch, sich als Teil eines Ganzen zu sehen, in dem jeder einzelne Mitarbeiter sich wiedererkennen und finden kann und er seine Werte vertreten sieht.

Neue Konzepte auf die Beine zu stellen bedeutet: sie auf bestehende und auf neue Beine zu verteilen – ein großer Teil davon aber gehört den Mitarbeitern.

Führung geschieht, auch in Veränderungsprozessen, nicht einfach nebenbei wie von selbst oder durch Magie, sondern beinhaltet auch, dass ich mir Zeit für Führung durch die Veränderungsprozesse nehme und mit Elan und Echtheit auch an diesen Teil der Führungsaufgabe herangehe, selbst bei unangenehmen Gesprächssituationen.

Auch hier ist es wichtig, dass diejenigen Frauen, die durch eine Veränderung führen, emotional gestärkt sind, authentisch in ihrem Verhalten und Auftreten bleiben, sich in ihrer leitenden Rolle wohlfühlen, die Aufgaben ausfüllen und sich darin wiedererkennen.

Hierzu gehören vor allem die Aspekte Zeit zum Zuhören und zum Führen, frühzeitige und richtige Miteinbeziehung der Teams, Umgang mit Informationen und der eigenen Haltung dazu sowie ferner die Bereitschaft, auftauchende Konflikte und kritische Beiträge angemessen zuzulassen und auszuhalten, sich auf die verschiedenen Reaktionen der Mitarbeiter einzustellen und diesen entsprechenden Raum dafür zu geben.

Dieser Aufbau von Nähe und Begegnung als Grundvoraussetzung für eine vertrauensvolle und erfolgreiche Führung in Veränderungsprozessen liegt Frauen wegen ihrer grundsätzlichen Fähigkeit dazu und weil sie viel Positives und für sich Sinnvolles aus der Bindung und Nähe zu anderen herausziehen.

Auch Unternehmensentscheider, die einen kühlen Kopf zu wahren versuchen, übersehen blinde Flecken ihrer Entscheidungen, empfinden durch die Schwere ihrer Verantwortung oft Einsamkeit und Hilflosigkeit und sind durch die bevorstehenden Veränderungen besonders in Mitleidenschaft gezogen. Sie haben deshalb die Tendenz, aufkommende Gefühle abzuspalten. Auch hier können Frauen auf sensible Weise Einfluss nehmen, diese (zumeist) Einzelpersonen entsprechend auffangen, betreuen, begleiten und ihnen beistehen.

Frauen verfügen vor allem wegen ihrer Emotionalität, ihrer Emphatie und ihrer Fähigkeit der Krisensicherheit über *die* relevanten und gefragten Kompetenzen, die bei Veränderungsprozessen einen wesentlichen Unterschied im Sinne langfristigen und nachhaltigen Erfolges ausmachen können.

Und um Missverständnissen vorzubeugen: Es geht nicht darum, ›im richtigen Moment da‹ zu sein, also dann, wenn es so weit ist, diese Kompetenzen zum Ausdruck zu bringen, sondern wir sollten diese aktiv und vorausschauend einsetzen.

Frauen müssen eine andere Herangehensweise einfordern und hartnäckig dafür einstehen, dass nachhaltig und umsichtig mit Veränderungsprozessen umgegangen wird. Sie sollten diese Themen ganz oben adressieren, Ideen-Mitträgerinnen und Sponsoren dafür gewinnen und die Instrumente der Veränderungsführung vorleben.

Weibliches Reservoir an Erfolgskriterien

Es gibt unzählige weibliche Erfolgspotenziale, die in jeder Frau schlummern. Man könnte sie auch das Vermögen auf einer Art von Potenzialbank nennen, ein Reservoir, einen Vorratsspeicher oder Fundus.

Damit wir uns leichter erinnern und einen gemeinsamen Begriff verankern können, nenne ich diese Kriterien und Potenziale **weibliches Reservoir.**

Jetzt gerade ist die beste Zeit, diese teilweise noch kaum bewussten weiblichen Aspekte neben denen der Urweiblichkeit anzuzapfen und im Außen sichtbar und erlebbar zu machen.

Im weiblichen Reservoir finden wir all das, was man bei Frauen vom Potenzial her grundsätzlich finden kann. Ein großer Facettenreichtum wartet darauf, entdeckt zu werden und mit in die Gestaltung einfließen zu können!

Wir dürfen uns frei bedienen aus diesem weiblichen Reservoir und alle Ressourcen ausschöpfen. Wir können erkennen und ausprobieren, welcher Aspekt uns wie anspricht, in welchem wir uns sofort wiederfinden und bei welchen wir glauben, er gehöre nicht zu uns.

Mit Spiel und Spaß können wir alles ausprobieren – es gibt niemanden im Außen, der uns daran hindert.

Frauen, die also innerhalb der Unternehmen von der braven Mitläuferin oder der zurückhaltenden Leistungsträgerin zur Gestalterin und Erfolgsbringerin gelangen möchten, müssen sich nur zutrauen, etwas Neues auszuprobieren, ohne dabei in den inneren Widerstand zu gehen.

Es gibt hinsichtlich des unendlichen weiblichen Reservoirs so viel Gutes hervorzuheben, denn Frauen sind einfach unglaublich! Frauen können so ziemlich das Aufregendste sein, was es gibt – wenn sie aufregend sind und auch, wenn sie sich aufregen.

Am aufregendsten und anziehendsten ist eine Frau vor allem aber dann, wenn sie sich in ihrer vollen Kraft befindet; wenn sie tut, was sie wirklich will und kann, und dabei auch *weiß*, was sie kann. Dann hat eine Frau eine Menge **Charisma, Ausstrahlung, Charme** und eine umwerfende Attraktivität, die von innen heraus strahlt und sehr ansteckend sein kann.

Frauen können mit dieser Stärke und Kraft, die sie auf dem weiblichen Erfolgspfad erreichen, eine bisher ungeahnte eigene

Kontur und Extravaganz in die Unternehmenswelten transportieren.

Stereotyp gesehen, wird Frauen eine eher **praktische, auf schnelles Handeln zielende Intelligenz** und ein damit verbundener **Pragmatismus** nachgesagt, was in der Unternehmenswelt »*Hands-on*«-Mentalität oder »**operative Stärke**« genannt wird. Strategische Ausrichtungen sind dort oft nicht genug auf realistische Umsetzung abgestellt und werden zu wenig praktisch durchgespielt.

Auch in der tatsächlichen Umsetzungsphase kommt Frauen eine kreative, oft unorthodoxe Handhabung und Herangehensweise zugute, die in Unternehmen zu unkapriziösen, wenig Aufsehen erregenden, aber sehr guten Lösungen führt.

Frauen bedienen sich ihrer **Redegewandtheit,** gepaart mit einer hohen **nonverbalen Ausdrucksfähigkeit** und einer eher **verbindenden Kommunikation,** die nicht nur den Zweck hat, sich mitzuteilen, sondern auch den anderen zu hören und Gemeinsamkeiten zu finden sowie Ausgleich zu schaffen und Vertrauen aufzubauen.

Frauen vernetzen sich nicht pyramidenförmig (zum Beispiel in der Ableitung von Zielen und hierarchischen Ordnungen), sondern bauen sich **netzförmig tragfähige Beziehungen** auf. Sie suchen sich das passende Umfeld und einen kleinen Kreis an verteilt sitzenden Vertrauten und Gleichgesinnten und handeln effektiv im Sinne einer Vernetzung aller relevanten Akteure mit einer unpolitisch betriebenen Streuung von wichtigen Informationen. So hindert sie nicht der oft bremsende Blick auf vorhandene Hierarchiestrukturen.

Zum Frausein und damit zu den Erfolgskriterien gehören auch **Humor, Verspieltheit, Kreativität und Neugier.**

Humor und Verspieltheit bringen Farbe in die eher graue Unternehmenswelt, Kreativität öffnet neue Herangehensweisen und Tore und Neugier führt dazu, mit den richtigen Fragen aufzuwarten und Systeme auszuhebeln.

Wenn Frauen sich ihres weiblichen Reservoirs bewusst werden, sich davon nähren und dabei zu neuer Kraft und zu mehr Selbstbewusstsein finden, können sie auch wieder aus (den teilweise durch antrainierte Härte abgelösten) Eigenschaften wie **Wärme und Weichheit** schöpfen und im Umgang mit anderen **behutsam und einfühlsam** vorgehen.

Hierzu gehört auch, **Emotionalität** gefühlsbetont und aktiv zu leben, sie überhaupt zu zeigen in Zeiten, in denen genau das als Schwäche gilt. Weiterhin zählt dazu, Emotionen auch bei anderen zu erkennen (**Fähigkeit, sich einzufühlen**) und jede Form der Emotionalität sowie den eigenen und fremden Gefühlsreichtum zuzulassen, denn ohne das Fühlen nehmen wir nicht wirklich am Leben teil. Für Frauen ist eine sachliche Auseinandersetzung manches Mal auch nur dann möglich, wenn man in emotionaler Offenheit miteinander umgeht und arbeitet und all das klärt, was direkt oder indirekt auf der persönlichen (zwischenmenschlichen) Ebene störend auf die Beziehung (ein)wirkt.

Wenn eine Frau in ihrer Kraft steht, kann sie sehr **direkt, authentisch und echt** sein und dabei **sensibel und rücksichtsvoll** bleiben.

Die **weibliche Intuition**, gepaart mit **ausgeprägten Sinnen für das Wesentliche**, und das sichere **Bauchgefühl** hatten wir in vorherigen Kapiteln bereits dargelegt.

Wenn Frauen unbeirrt ihren Weg gehen, weisen sie dabei einen besonders großen **Mut sowie Beharrlichkeit, Willensstärke und Hartnäckigkeit** bei gleichzeitiger **Widerstandsfähigkeit und Zähheit** auf.

Sobald Frauen den für sie wahrhaftigen, richtigen Weg gehen, der oft und überdimensional in Abhängigkeit von bestimmten Rahmenbedingungen steht, zeigen sie bei allen Aktivitäten, aber auch bei aufkommenden Widrigkeiten eine enorme **Ausdauer**.

Im privaten Umfeld sind es die Frauen, die **soziale Kontakte pflegen**, sich **durchsetzen** und **Klartext reden** gegenüber öffentlichen Stellen (z.B. Schulen), eine **hohe Präsenz** zeigen und Wege

bestimmen. Hier können Frauen, insbesondere wenn es um die eigenen Kinder geht, sich sehr gut **behaupten, einsetzen, durchsetzen, positionieren, auftreten** und weisen dabei auch eine hohe **Konfliktkompetenz** auf.

Im privaten Umfeld zeigen Tausende von Frauen täglich die **Fähigkeit, komplexe Zusammenhänge zu lösen, krisensicher zu koordinieren, Prioritäten abzuwägen** und sich dabei gut zu organisieren im Sinne eines Selbstmanagements.

Durch die Kombination aus einem sehr guten **Gespür für den (richtigen) Moment,** aber auch dafür, **wann etwas zu Ende geht,** und der Tendenz, **Detail- und Genauigkeitsarbeit** zu leisten, sind sie begehrt und unverwechselbar, wenn sie ihre Stimme erheben und diese entsprechend gewürdigt wird.

Frauen tragen also alles, was sie für den Erfolg brauchen, in sich selbst; als versteckte Schlüssel, als schlummernde Antworten, als Kompetenzen. Sie müssen nicht (ab-)warten, eingeladen zu werden, diese in der Unternehmenswelt aktiv zu erwecken und zu beleben.

Frauen beherrschen das alles längst im privaten Umfeld. Sie setzen ihre Fähigkeiten ein, *obwohl* diese weder gewürdigt und anerkannt noch entlohnt werden, sondern als Selbstverständlichkeit gelten. Vielleicht ist es richtiger zu sagen, dass Frauen diese Talente einsetzen, *weil* sie nicht unter Beobachtung, also im »Spotlight« stehen und beurteilt werden.

Es geht also zum einen um eine Transferleistung vom privaten in das unternehmerische Umfeld und zum anderen darum, dass Frauen offensichtlich eine Umgebung brauchen, in der sie ihre Talente selbstverständlich und gerne einbringen, auch mit dem Ziel einer verbesserten Situation für alle und mit der Sehnsucht nach einer Sinnhaftigkeit des eigenen Tuns.

Weiblicher und integrativer Kulturwandel

Im unternehmerischen Umfeld fehlt es heute noch an Verständnis dafür, was Frauen tatsächlich wollen und wie man das Thema ›Frauenförderung‹ und die Behandlung von weiblichen Angestellten bestmöglichst angehen kann.

Zu lange wurde das Thema gar nicht verfolgt. Zu wenig wurde ein Fokus gesetzt, obwohl demografische Zahlen bereits genügend Anlass dazu gaben, und zu langsam setzte sich etwas in den Unternehmen in Gang.

Und just in diesem Moment wird bzw. wurde wieder zu schnell und unbedacht ein brisantes Thema angesteuert und platziert, ähnlich den Vorreiterthemen ›*Gender Diversity*‹, ›*Work Life Balance*‹, ›Gesundheitsmanagement‹ etc.

Meist durch Übernahme amerikanischer Modelle und Trends oder wie jüngst aus sozialgesellschaftlichem und politischem Druck heraus werden Maßnahmen und Aktionen aus dem Boden gestampft, bei denen jeder Ansatz eines professionellen Projektmanagements fehlt und jedem dezidierten Projektleitungsteam eine große Kritik entgegengebracht würde, weil das Anforderungsthema und der Auftrag unklar sind oder das Ziel ein falsches ist und ohne *Empowerment*[22] geschieht.

Wenn man zum Beispiel aus einer kleinen Anzahl an Frauen in Leistungsfunktionen eine prozentuale Zahl innerhalb dieser begrenzten Zielgruppe bestimmt, die befördert werden und die man auf dem Weg dahin entsprechend unterstützen soll, dann ist dies zum einen ungerecht gegenüber Männern und zum anderen ist nicht geklärt, ob alle bzw. die potenziell zu fördernden Frauen überhaupt befördert werden möchten. Auch der Führungs- und Karriereansatz der Linienfunktionalität ist nicht zwingend das, was zumindest ein großer Teil von Frauen befürwortet und für sich erstrebenswert findet.

Oder wenn man, wie Unternehmen dies heute schon tun, in ersten (unglücklichen) Ansätzen zusätzliche Betriebsversammlungen nur für Frauen ausrichtet und damit zum einen Männer ausklammert und zum anderen eine Zielgruppe anspricht, die man nicht ausreichend kennt/versteht und für die man ergo aufgrund des fehlenden Wissens keine maßgeschneiderten Lösungen und Ansätze anbieten kann, geraten wir in Gefilde, die so weder zielführend noch wirklich zu managen sind.

Sie lassen vielmehr einen Masterplan vermissen, der über eine gewisse Oberflächlichkeit hinausgeht. Man wird das Gefühl nicht los, es entweder mit experimenteller Laienhaftigkeit zu tun zu haben oder damit, dass Organisationen »schnell mal etwas abhaken« müssen.

Zunächst muss jedes Unternehmen für sich als Vorbereitung seine eigene Einstellung zu diesem Themenkomplex überprüfen und firmenintern harmonisieren, um erste Schritte abzuleiten.

Betriebliche Frauenförderung und Unterstützung fangen da an, wo man die Frauen in ihrer Weiblichkeit, in ihrer Andersartigkeit und weiblichen Identität erstmals anerkennt, statt ihnen diese Weiblichkeit mit einem allzu oberflächlichen Blick durch die Anschauungsbrille der Gleichberechtigung abzuerkennen. Es geht vielmehr darum, dem Weiblichen als einer Qualität Raum zu geben und es als einen Teil der Lösung für bisher nicht erreichte Ziele bzw. missglückte Unterfangen wertzuschätzen und bewusst einzusetzen.

Es wird spätestens an dieser Stelle klar, dass es sich bei dem Weg hin zu einer integrativen, stärker weiblich orientierten Unternehmenskultur um einen dafür strukturell und kulturell erheblich notwendigen Wandel mit entsprechendem *Change Management* handelt.

In der Beobachtung erster Maßnahmen in puncto Gleichberechtigung bleiben übrigens paradoxerweise entsprechende Gehaltsanpassungsprojekte oft außen vor. Personalleiter (selbst häufig mit hohem Frauenanteil) und fachliche Personalentscheider in der Linie wissen um das gehaltliche Gefälle und die Zahlen sind transparent. Hier könnte man natürlich konkret und ganz gezielt die Gender-Thematik angehen, um erste ernsthafte Zeichen zu setzen. Stattdessen gehen Maßnahmen in Richtungen, die aus meiner Sicht nicht konstruktiv und zielführend im Kontext der Thematik sind.

Man kann eine Förderung also überhaupt erst zeitversetzt und um viele strukturelle, analytische, konzeptionelle und emotionale Schritte weiter, nach dieser strategisch wichtigen Einstellungsfindung, beginnen.

Und es muss differenziert werden zwischen der Kinder-Karriere-Thematik für Frauen mit Familie und dem allgemeinen Thema ›Frauen im Beruf‹ in Bezug darauf, was für Frauen erstrebenswert ist, was sie möchten und nicht möchten und zu was sie sich committen können und wollen.

Dafür muss man vor allem in den Dialog mit Frauen einsteigen, ihnen eine eigene Stimme geben und die gesamte Thematik strikt von Diversity-Themen trennen. Das Thema benötigt einen ganz anderen und eigenen Radius und Fokus.

Dann gilt es zu eruieren, was Frauen welcher Zielgruppe tatsächlich benötigen. Hierzu zählen integrative Arbeitsumgebungen mit entsprechend angepassten Rahmenbedingungen und Beschäftigungs- bzw. Arbeitszeitmodellen, mit Sicherheit aber keine Quotenregelung und Kompetenzvermittlung im Sinne einer Angleichung an das männliche Prinzip als Lösung. Diese Anpassung an männliche Modelle ist überholt und war stets defizitär ausgerichtet und hinterlässt dabei bis heute den Eindruck, Frauen fehle es an irgendetwas.

Unternehmen, die bereits erfolgreich Förderprogramme und Unterstützungsangebote etabliert haben, haben in jedem Falle diese Schwerpunkte verfolgt, die typische Fragestellungen von Frauen bereits berücksichtigen:

- ➤ Mentoren- und Coachingprogramme für und von Frauen;
- ➤ Impulsvorträge/Workshops zu frauenspezifischen beruflichen Fragestellungen;
- ➤ (moderierter) kollegialer Austausch;
- ➤ Überprüfung und Anpassung der Arbeitszeitmodelle;
- ➤ Vereinbarkeit von Beruf/Arbeit und Privatem/Sozialem:
  - Jobsharing
  - Remote Arbeitsplätze
  - Gleitzeit
  - Ermöglichung von Teilzeit-Führungsrollen
  - Unterstützung bei der Betreuung (von Angehörigen)
  - Familienorientierte und -fördernde Maßnahmen
  - Umgang mit Elternzeitrückkehrern.

Wir brauchen Neues und können nicht den alten Werten, männerorientierten Umgangsformen und Machtstrukturen folgen, um Frauen hineinzupressen. Das System muss sich also erneuern bzw. erfinden. Dieser Struktur-, Werte- und Kulturwandel ist nicht länger eine Frage des *Nice to have*, sondern ein *Must have*.

Die Vorteile liegen auf der Hand:
- Steigerung der Produktivität und Leistung;
- Sicherung des langfristigen wirtschaftlichen Erfolges;
- Mitarbeiterbindung und -gewinnung;
- Ausschöpfen des gesamten Arbeitsmarktpotenzials;
- Imagegewinn;
- Erhöhung der Arbeitgeberattraktivität;
- Bereicherung und Erweiterung bisheriger Aktionsfelder und und Managementansätze.

Ein richtiger erster Ansatz ist es, Netzwerke zu fördern, sogenannte weibliche »Inner Circle« zu etablieren und potenzialstarke Frauen und Leistungsträgerinnen zu identifizieren, um sie individuell zu fördern, aber es muss auch ein *Top down*-Prozess verfolgt werden, um Macht- und Führungsstrukturen und Prozesse so, wie sie heute vorhanden sind, kulturell und strukturell zu überprüfen.

Dazu gehören alle Methoden und Instrumente des **Personalmanagement**[23], nämlich Neueinstellungen und Auswahlverfahren, Beförderungs- und Beurteilungssysteme, Förderprogramme, Karrieremodelle/interne Laufbahnen, Potenzialanalyse-Methoden, Zielvereinbarungsmodelle, *Performance Management*, Führungsverantwortlichkeiten, -leitbilder bzw. -stile, außerdem Personalentwicklung, Führungskräfteentwicklung und – last but not least – die Königsdisziplin der Organisationsentwicklung in Richtung auf einen enorm umfangreichen Veränderungsprozess.

Weitere relevante Aspekte des Kulturwandels sind z.B.:

- Beschäftigungsverhältnisse
- Arbeitszeitmodelle
- Meeting-Strukturen
- Anwesenheitskultur
- Leit- und Rollenbilder
- Hierarchie- und Machtstrukturen
- Familienfreundlichkeit und -orientierung
- Fairness am Arbeitsplatz-Programme (ggf. auch Betriebsvereinbarung hierzu)
- Teamübergreifende / interdisziplinäre Arbeitsgruppen und Projektorganisation
- Verteilung der Verantwortlichkeiten und Kompetenzen
- Rollenfindungsprozesse

Es wird generell die Frage nach einem neuen Verständnis von Management und Personalführung gestellt werden. Hierbei muss zugelassen werden, dass man »quer« bzw. »*out of the box*« denkt – innovativ, kreativ, interaktiv, selbstbestimmt und eigenverantwortlich im Sinne gemeinsamer Ziele und Visionen.

Stark hierarchische Linienfunktionen werden voraussichtlich aufgeweicht zugunsten einer eher flachen und projektgetriebenen Organisation, in der sich Teams immer neu formen und weiterentwickeln müssen. Das wiederum erfordert neue Skills und Kompetenzen wie z.B. hohe Integrationsfähigkeit, gute Vernetzung, situative und agile Handlungs- und Entscheidungskompetenz und eine hohe Eigenverantwortung.

Gerade in Projektstrukturen werden Managementskills und Kommunikationsfähigkeit, insbesondere bzgl. des Umgangs mit Informationen wesentlich transparenter und damit können Managementschwächen schneller aufgedeckt werden. Die fachliche Bindung, Kopfmonopole und ähnliche Strukturen werden zum Teil aufgelöst und ziehen sich zugunsten neuer Methoden und Herangehensweisen zurück.

Sogenannte »agile« Methoden (z.b. »*Scrum*«[24]), Themen zu bearbeiten und zu lösen (derzeit vor allem in Softwareentwicklungsumgebungen und -projekten angewandt), liegen im Trend und werden Branchen und Fachgebiete übergreifend ausgerollt. Gerade Frauen müsste dieser Ansatz liegen und Freude bereiten. Ich empfehle die Beschäftigung mit dieser modernen und äußerst klugen Herangehensweise, die traditionelle Berichterstattung, Rollendefinition und vor allem die klassische Führungsaufgabe in Frage stellt.

Frauen können hierbei, wie auch in vorangegangenen Kapiteln angedeutet, in bestimmte Fragestellungen bzw. Themengebiete eintauchen, diese verantworten und maßgeblich prägen. Oder sie können bestimmte Rollen ausfüllen, aber auch den Wertewandel hin zu mehr Verantwortung, Gemeinschaft und alternativer Personalpolitik mit positiver Einflussnahme sowie der Auflösung und Entmachtung vorangegangener Modelle und althergebrachter Strukturen aktiv begleiten und eigene Prioritäten einbringen.

Bei all dem gilt jedoch, dass, bevor Frauen und deren Werdegänge gefördert werden können, die **Verankerung eines Management-Systems** geschaffen werden muss, bestehend aus betrieblichen Rahmenbedingungen, betrieblichen Strukturen und Prozessen, die eine solche Förderung erst möglich machen.

Dann erst können Visionen erarbeitet, Ziele formuliert und Maßnahmen abgeleitet werden, die die für mehr Weiblichkeit förderliche Gestaltung von Arbeit und die Befähigung der Organisation in Bezug auf das Verhalten und die Verhältnisse beinhalten.

Voraussetzung für die Ausgestaltung dieses Werte- und Kulturwandels hin zu einer integrativeren Kultur, in der Weiblichkeit als Qualität geschätzt und gefördert wird, ist wie immer das **Committment** der oberen Management-Ebene, damit eine **Bewusstseinsänderung** auf allen Ebenen stattfinden kann. Hierfür braucht es:

> Offenheit, Interesse und Engagement der Geschäftsführung mit entsprechenden Stakeholdern und Sponsoren;
> Gemeinsames Verständnis und allgemeingültige Definition;
> Orientierung und strategische Zielausrichtung;
> Sensibilisierung und Awareness für den Themenkomplex;
> Bereitschaft zum Aufbrechen vorhandener Strukturen;
> Marketinggestützte Aktionen / interne Vermarktung;
> Aufklärung und Einbindung der internen Kommunikation;
> Abbau von Vorurteilen insbesondere bzgl. einer defizitären Sicht auf Frauen;
> Durchhaltevermögen, Disziplin und Langfristplanung.

Organisatorisch bedeutet das:

> Berücksichtigung der Einflussnahme auf alle Unternehmensbereiche mit firmeninterner und -spezifischer Integration;
> *Change Management* Organisation mit entsprechendem Projekt- und Prozess-Management sowie Qualitätssicherung;
> Lenkungskreise mit Bevollmächtigung und Handlungsfähigkeit;
> Budget- und Ressourcenplanung;
> Vernetzung aller relevanten Akteure im Unternehmen;
> Sicherstellung und Aufbau von internem Expertenwissen;
> Interventionen und Aktionen abgestimmt in ein Gesamtkonzept statt losgelöster Einzelmaßnahmen.

Von der Reihenfolge her empfiehlt sich dieses **Vier-Phasen Modell:**

1) Analyse / Diagnose
    a) Analyseinstrumente
    b) Befragungen/Interviews, ggf. *Self Assessment Tools*
    c) Abgleich mit anderen Unternehmen (Branchenspezifika / Unternehmensgröße etc.)
    d) Datenerhebung, Auswertung und Verknüpfung, Intepretation der Informationen
2) Definition, Zielfindung und Planung
    a) Zielfindungsworkshop, Klausurtagungen o.ä. zwecks Zieldefinition
    b) Priorisierung der Handlungsfelder
    c) Festsetzung operativer Ziele
    d) Auswahl der Maßnahmen
    e) Ressourcenplanung, Budget
3) Umsetzung / Aktion
    a) Übergeordnetes Projektmanagement mit Risiken / Chancen / Meilensteinen
    b) Steuerungs- und Arbeitsgruppen für einzelne Projekte
    c) Durchführung und Koordination
    d) Aufklärung, Training / Weiterbildung, Einzelmaßnahmen, Programme
    e) Aufbau von internen Kompetenzen
    f) Partizipation der Beschäftigten
    g) Vermarktung, Marketing
4) Bewertung / Evaluierung
    a) Messbarkeit anhand von Kriterien / Indikatoren
    b) Erfolgsfaktoren und -kontrolle
    c) Qualitätssicherung
    d) Nachfassen / Reviews / Erhebung von Daten und/oder Befragungen

Fazit

Unternehmen kommen nicht vorbei an diesem notwendigen Kultur- und Wertewandel. Insofern ist es ratsam, dass sich das Personalmanagement und die Unternehmensleitung dieses Themas pro-aktiv nähern und es gezielt steuern im Sinne eines »*Top-down*«-Prozesses. Gleichzeitig werden Frauen ihre Wartepositionen verlassen, »*bottom up*« aktiver in die Arbeitsplatzgestaltung und Unternehmensethik eingreifen und immer häufiger Forderungen stellen.

Der gesellschaftliche und soziale Anpassungsdruck bezüglich flexiblerer Organisationsmodelle und einer Verbesserung des Arbeitslebens für alle Erwerbstätigen (also geschlechtsübergreifend) wird bei den Unternehmen als Welle und lauter Ruf auf allen Ebenen deutlich ankommen.

Helen Fisher schreibt in ihrem Buch »Das starke Geschlecht« treffend: »Es ist Zeit, unsere geschlechterspezifischen Unterschiede zu schätzen, Frauen die Gelegenheit zu bieten, ihre natürlichen Talente am Arbeitsplatz zu entfalten, ein neues Verständnis zwischen Männern und Frauen aufzubauen und zusammenzuarbeiten. Ohne diese grundlegende Zusammenarbeit werden beide Geschlechter ebenso wie die Gesellschaft um bedeutende Werte betrogen.«[25]

Teil 2

Einführung

Der zweite Teil meines Buches bietet einen persönlichen Ansatz für Frauen, ihre eigene Akzeptanz des Weiblichen hinsichtlich ihres beruflichen Werdeganges zu überprüfen und sich selbst besser zu verstehen, statt darauf zu warten, verstanden zu werden. Er soll Frauen dazu animieren und konkret anleiten, Verantwortung für den eigenen Weg zu übernehmen, dabei stark eigeninitiativ aktiv zu werden und gestalterisch den eigenen beruflichen Weg konsequent zu gehen.

Dieser Teil verknüpft mehrere Inhalte und Aspekte miteinander: Es ist mir ein Anliegen, im weiblichen Kollektiv wirkliche und nachhaltige Erfolge zu erzielen, Einflussnahme ernsthaft willkommen zu heißen und Erfolg damit anders als bisher zu interpretieren, anzustreben und am Ende gebührend zu genießen.

Das Konzept und die dahinterstehenden Betrachtungsweisen, Erkenntnisse und Methoden sollen Frauen zurück zu der ihnen innewohnenden, natürlichen Stärke und Macht führen.

Und dieser Erfolg darf und muss aus meiner Sicht weiblich und selbstbewusst sein, gepaart mit Freude und Kraft.

Wenn Frauen gesehen werden wollen, schaffen sie das, indem sie sich zeigen, wie sie sind, mit dem, was sie können und wollen. Dafür ist ein schonungslos ehrlicher Blick vonnöten und eine intensive Auseinandersetzung mit der eigenen Weiblichkeit und dem, wofür wir uns selbst schätzen und lieben.

Diese Liebesgeschichte ist eine Geschichte mit der Frau, die wir wirklich sind.

Hierbei stellen wir uns Fragen wie:

- Ich bin gerne Frau weil …
- Erfolg bedeutet für mich …
- Meine Weiblichkeit drücke ich aus, indem …

- Diese weiblichen Aspekte möchte ich ausleben …
- Das ist für mich Weiblichkeit …

Wenn Frauen diesen inneren Weg, diesen Dialog mit sich eingehen und damit den weiblichen Erfolgspfad beschreiten, steht ihrem größeren, sichtbareren Erfolg im Außen nichts mehr im Wege.

Bevor der Lösungsansatz vorgestellt wird, sollen Frauen in Berührung kommen mit einer zum Teil vergessenen Welt, der in uns schlummernden Welt der Weiblichkeit.

Teilweise hole ich bei der Unterlegung meiner Thesen aus, abstrahiere, analysiere und ziehe einen größeren, komplexeren Kreis um das Thema, damit sich Frauen den größeren Dingen stellen, um die es wirklich geht und die aus meiner Sicht darüber entscheiden, wie wahrhaftig, echt und in sich harmonisch unsere zu beschreitenden Pfade aussehen.

Dabei wechsele ich je nach Aussage und Themengebiet in meiner Schreibweise von Behutsamkeit zur Direktive, hin zu konkreten Empfehlungen und mache durchaus auch vor Provokationen nicht Halt.

Die Annäherung an dieses Thema und das Ausformulieren dieses Buches, das sich stereotypisch an in Deutschland lebende und arbeitende Frauen richtet, sowie meine Recherchen haben von mir verlangt, mich als Frau festzulegen.

Erste Vorträge und Veranstaltungen haben mir verdeutlicht, welche hohe emotionale Spannung – Unsicherheit, Zerrissenheit, Zweifel bis hin zu Aggressivität – bei Frauen hinsichtlich dieses Themenfeldes vorhanden sind und welche Ablehnung gegenüber dem geschlechtlichen Unterschied, vor allem gegenüber der eigenen Weiblichkeit, vorherrscht.

Trotz oder gerade wegen der bevorstehenden und im Kleinen bereits erfolgten Reaktionen auf meinen Ansatz bin ich noch tiefer in das Thema eingestiegen und habe mich noch präziser festgelegt.

Mein Buch unterbreitet damit neben verschiedenerlei Denkansätzen einen konkreten Entwurf, spricht Handlungsempfehlungen aus und gibt Einblicke in »Der weibliche Erfolgspfad!«®. Diese von mir für Frauen entwickelte Methode – eine rechtlich geschützte Marke – betont, dass Erfolg eine weibliche Note haben darf und soll: Urweibliche Potenziale nutzen, typische Herausforderungen überwinden und Raum für die eigene Weiblichkeit lassen – das sind die Erfolgsfaktoren dieses ganzheitlichen und strukturierten Konzepts. Mein Konzept bietet Frauen zunächst eine intensive Auseinandersetzung mit den Themen ›Frausein und Weiblichkeit‹ und ›Erfolg und Einflussnahme‹, zum anderen einige Kernaussagen und Annahmen und in der Folge die Einführung in einen Lösungsweg.

Frauen, die erfahrungsgemäß zu wenig Unterstützung auf ihrem Weg zum beruflichen Erfolg und zur Erfüllung beruflicher Wünsche und Ziele in Anspruch nehmen, will ich ermutigen, sich alleine oder mit Hilfe, Begleitung und Unterstützung von Mentorinnen, Coaches und Beraterinnen auf *ihren eigenen* Pfad zu begeben.

Die Andersartigkeit und Einzigartigkeit der Frauen, ihrer Denk- und Handlungsmuster sowie Emotionen machen es erforderlich, eine Begleitung und Unterstützung auf dem beruflichen Weg auf die wesentlichen Unterschiede in den Zielen, Bedürfnissen und Entscheidungsprozessen auszurichten und den Aspekt der weiblichen Kompetenzen wie auch der Führungsmentalität und -stärke gemeinsam zu durchleuchten. Als logische Konsequenz kann ein solcher Beratungsprozess nur von Frauen selbst durchgeführt werden.

Der weibliche Erfolgspfad ist konzipiert worden als Methode, die man mit einer Beraterin gemeinsam durchführen sollte oder zumindest in Teilen zu zweit mit einer dafür geeigneten vertrauten anderen Frau, die sich dadurch auszeichnet, Vorbild sein zu können, selbst durch weibliche Erfolgserfahrungen gereift ist und höchstmögliche neutrale Haltung Ihnen gegenüber aufweist.

Eine Beraterin als professionelle Unterstützung hat den Vorteil, entsprechende Stolpersteine zu kennen und zu identifizieren, Beratungs- und Coachingmethoden (wie Fragetechniken, Gesprächsführung, Spiegelung, Verankerungen, Zielharmonisierung) zu beherrschen und sich emphatisch ausschließlich mit der Entwicklung der zu beratenden Frau zu befassen, ohne ein anderes Interesse zu verfolgen, was Menschen aus dem privaten oder kollegialen Umfeld nicht wirklich gewährleisten können.

Eine Begleitung ist auf dem Weg wichtig, um sich nicht allzu oft zu verlaufen (Irrwege, Umwege, Einbahnstraßen) oder gar umzukehren, und hilft, alles zu bedenken und zu überblicken.

Da Disziplin, Konsequenz und Ausdauer vonnöten sind und es um wahrhaftige Veränderungen geht, ist es gut, Rituale zu etablieren, feste Zeiten zu vereinbaren, Erfolgszwischenstände gebührend zu würdigen und Zeugnis abzulegen vor einer anderen Frau, um den weiblichen Erfolgspfad zu festigen sowie ihn hörbar, realisierbar und später abrufbar zu machen.

Die Methode begleitet Frauen auf dem Weg hin zur beruflichen Etablierung ihrer Wünsche, Ziele und Erfolge. Frauen sollen dabei unterstützt werden, in ihre ursprünglich weiblichen Aspekte und Stärken (weibliche Erfolgskompetenz) zurückgeführt zu werden.

Rückzug in weibliche Innenwelten

Frauen sind in besonderem Maße den Emotionen (anderer) ausgesetzt und ziehen viele verschiedene Gemütszustände in ihrer näheren Umgebung an. Je näher die Personen uns emotional stehen, desto größer ist aber die Gefahr, sich in den eigenen und fremden Gefühls- und Gemütszuständen zu verlieren; die Unterscheidung zwischen *Mein* und *Dein* verliert sich.

Die von Frauen aufgenommenen fremden Schwingungen sind positiv, weil sie das Potenzial haben, uns zu einer Weisheit und einer höheren Menschenkenntnis führen zu können. Feine Antennen erlauben uns, Zugang zu den Gefühlen und Bedürfnissen anderer zu bekommen, um unsere Wahrnehmung zu schärfen, und können im besten Fall dafür sorgen, dass wir emphatischer und behutsamer mit anderen Menschen umgehen.

Jedoch können fremde Schwingungen auch bewirken, dass wir uns in ihren Tiefen verirren und die Orientierung bzw. den Bezug zu uns selbst verlieren. Deshalb ist **Psychohygiene**, eine Art seelische Waschanlage, ein wichtiger Aspekt der weiblichen Resilienz[26] mit dem Ziel des Erhalts der psychischen Gesundheit durch die eigene Beobachtung der Belastungsfaktoren, die sich auf unsere mentale und körperliche Verfassung auswirken, und unserer Reaktionen darauf.

Dies geschieht, indem wir erkennen, was uns tatsächlich gerade beschäftigt, was uns dabei im Weg steht, was gesehen bzw. bearbeitet werden möchte, wo wir aufräumen müssen und welche fremden Aspekte an uns zerren, unsere Energie binden, uns ablenken oder gar schädigen.

Bei den weiblichen Innenwelten sind also Eigen- und Fremdenergien anzutreffen, die sich nicht leicht als solche identifizieren und sortieren lassen. Umso sauberer müssen wir bei Aufräumaktionen arbeiten, diese regelmäßig durchführen und uns präventiv schützen vor zu vielen fremden und vor allem vor negativen Gefühlen und Erlebnissen, die wir selbst anziehen, ob bewusst oder unbewusst. Aber auch vor schädlichen Eindringlingen (Energievampiren), die sich an uns heften und profitieren wollen von unserem Wesen, unserer Lebensenergie, unserer Freude, unseren Ideen, gilt es sich zu schützen.

Ich stelle nachfolgend einige hilfreiche Werkzeuge, Übungen und Methoden vor, die diesen Prozess unterstützen.

Rückzug

In Phasen größerer Unzufriedenheit, in Krisen und vor oder in Veränderungen ist es gut, wenn wir uns zurückziehen.

Wir erfahren eine tiefe Bedeutung des Seins nur dann, wenn wir uns mit all unseren Sinnen und allen in uns wohnenden Anteilen verbinden.

Wir halten uns dabei nach »innen« gerichtet.

Dabei ziehen wir uns regelrecht »aus dem Verkehr«, um in der Stille eine tiefe Berührung mit uns selbst zu erfahren und fernab von Getöse, regem Treiben und verschiedensten Versuchungen unserer Verwirrung, Verstrickung und Zerstreutheit auf den »Grund zu gehen«.

Wir genießen das Alleinsein mit uns und wenn wir es brauchen, um bei uns anzukommen, suchen wir zunächst nach etwas, das uns beruhigt (Musik, Teezeremonie, ein heißes Bad, Hilfsmittel wie z.B. Kerzen, ein Symbol, eine Farbe, eine Blume ...), um in eine Art von ruhigen, meditativen Zustand zu gelangen.

Nach jahrelanger Praxis und Erfahrung mit verschiedenen Entspannungs-, Bewegungs-, Atem- und Meditationsmethoden habe ich festgestellt, dass die Kombination aus Stille und Nichtstun die geeignetste, aber gleichzeitig auch schwierigste Methode ist, wenn man das Ziel verfolgt, zu seinem wirklichen Kern, der inneren Mitte, durchzudringen. Einfache Stand- und Atemübungen aus Qigong können effektiv eingesetzt werden. Gerade im Erfahren und Erleben von Stille erhalten wir unsere wahren Antworten auf relevante Fragestellungen, indem wir uns selbst wirklich ungetrübt begegnen.

Vogelperspektive

Indem wir gedanklich auf eine höhere Ebene gehen und die Dinge von dort aus betrachten, können wir uns und die momentane Situation, in der wir uns (gegebenenfalls mit anderen Menschen) befinden, aus der Vogelperspektive beobachten. Dabei kommt es zu einer differenzierten bzw. einer distanzierteren Betrachtungsweise.

Wir beobachten, ohne zu werten und so, als seien wir nicht beteiligt – obwohl natürlich der andere Teil in uns sehr wohl beteiligt ist. Aus dieser Perspektive können wir Dinge nun klarer sehen und auf andere Dinge »herunter« schauen. Damit werden sie kleiner, aber auch klarer, denn wir erkennen das »Drumherum«, das »Ganze« oder auch die einzelnen Teilchen und können manchmal Muster erkennen. Uns fallen plötzlich Aspekte auf, die wir sonst übersehen hätten. Mit dem Perspektivenwechsel verändert sich unser Blick und damit unsere Haltung und Einstellung.

Sie sehen dann, *wie* Sie kommunizieren, agieren etc.

Man kann eine ähnliche Übung auch mit verschiedenen Stühlen praktizieren, wonach jeder Stuhl einen anderen Aspekt eines Problems oder eine andere Person symbolisiert oder für eine bestimmte Qualität steht (z.B. für Erfolg oder Weiblichkeit).

Die Übung aus der Vogelperspektive heraus ist meiner Meinung nach jedoch besonders geeignet und kann, um sie regelmäßig und natürlich zu praktizieren, verankert werden durch ein Symbol dessen, für das sie für jede Übende individuell steht. Dieses Symbol kann man sich dann zum Beispiel als Erinnerung auf den Schreibtisch stellen oder an einen anderen Platz, der für die Übung geeignet ist.

Gerade in schwierigen Zeiten sollte man diese Übung mindestens ein Mal am Tag praktizieren. Aus der Vogelperspektive gelingt es uns auch, besser zu entspannen und uns kurzzeitig zu erholen, weil wir uns im Geiste und zielbewusst sozusagen herausgeholt haben aus der Schwere des Problems.

Hier kann es zu echten »Aha-Erlebnissen« kommen, wenn wir zur »Sehenden« unserer Situation werden.

Das Interne Interview

Aus der Paarberatung kennen viele das *Zwiegespräch*, das Paare regelmäßig und strukturiert miteinander führen sollen. Dabei sollen sie ein (neues) Verständnis füreinander entwickeln und sich über ihre Kommunikation, das Reden und Hören, das »Sich gegenseitig Sehen« und Würdigen, wieder näher kommen.

Unsere inneren Abläufe sind uns nicht immer vertraut, auch wenn wir sie in einem Teil von uns spüren können.

Deshalb ist es wichtig, Zugang zu finden zu unseren weiblichen Innenwelten, den internen Strukturen und Prozessen. Denn sie finden auch statt ohne unser Zutun und ohne das wir es bemerken. Diese Abläufe – außerhalb unserer Kontrolle – sind trotzdem und gerade deshalb ein Teil unser inneren Wirklichkeit und Wahrhaftigkeit. Unser System unterscheidet oft nicht zwischen real und nicht real, zwischen Traum und Wachzustand, zwischen bewusst und unbewusst.

Analog zu Unternehmen, die aus dem Ruder laufen, wenn interne Abläufe in der Zusammenarbeit fehllaufen, wenn Schnittstellen nicht funktionieren und zu viele Gegensätze und Interessenskonflikte vorherrschen, geschieht dies auch bei uns. Klärende Gespräche können helfen und die Dinge positiv verändern.

Dies gilt eben auch für unsere internen Abläufe und Prozesse. Auch diese können wir nur verändern und optimieren, wenn sie uns bekannt und bewusst sind.

Innere Dialoge sind dafür da, uns wieder zu hören, uns selbst zuzuhören, uns auf uns zu besinnen und wahrzunehmen, was in unserem Inneren gerade passiert.

Ich nenne sie *Interne* (abgeleitet von innerlich, höchstpersönlich, ureigen) *Interviews*, die wir anwenden, um mit uns selbst in einen stillen Dialog zu treten. Es handelt sich aber gleichzeitig auch um Fragetechniken, die wir anwenden, um uns schneller oder besser auf die Spur zu kommen und Themen einzukreisen.

Aus Neugier und echtem Interesse sowie einer ausgeprägten Kommunikationsgabe heraus können Frauen oft sehr gute Interviews führen und kritische und zielführende Fragen stellen.

Haben diese Fragen jedoch eine vorwurfsvolle, bewertende oder gar abwertende Qualität, möchten andere Menschen uns nicht antworten und sich nicht zeigen in ihrer Echtheit.

Erst wenn wir etwa eine grüne Wiese oder weiße Wand anbieten als Synonym für eine neutrale, alles möglich werden lassende Fläche, öffnet sich für gewöhnlich unser Gegenüber.

Das gilt im übertragenen Sinne auch für uns selbst. In einer wertfreien und offenen Atmosphäre positiv neugieriger Spannung kommen wir uns gerne näher und geben uns lieber Auskunft über uns selbst, als wenn Ungeduld, Abwertungen und eine vorgefertigte Meinung unsere innere Haltung prägen.

Typische Interview-Techniken kann man also auch für die Internen Interviews anwenden. Was wir dafür brauchen, ist Stille, das Aushalten des Nichtstuns in dem Sinne, dass wir zunächst eine Art innere Leere spüren und uns nicht ablenken, wenn unangenehme Gefühle und Gedanken aufkommen, sondern still dasitzen oder liegen und die Position beibehalten, ohne dem sich aufdrängenden Gefühl oder Impuls nachzugeben, etwas tun zu müssen oder fort zu wollen.

Sinn der Übung ist es, nur wahrzunehmen, was ist – egal, ob

es Farben sind, die ich sehe, Gefühle oder Bewertungen, die kommen oder Situationen, die mir gefallen oder aber auch nicht gefallen.

Je strukturierter und bewusster wir vorgehen, etwa an festen Terminen mit einer bestimmten Uhrzeit und einem festgelegten Zeitrahmen als Kalendereintrag, den wir nutzen (unabhängig davon, ob uns nach dieser Übung ist oder nicht, ob wir Lust haben oder nicht, ob wir Zeit haben oder nicht oder wir uns gar einreden, gar keine relevanten Themen zu haben), desto effektiver, aussichtsreicher und wertvoller werden die Erlebnisse und Erkenntnisse sein.

Fragetechniken können zum Beispiel sein:

a) Ich stelle mir nur **eine Frage,** auf die ich mich voll konzentriere. Ich lasse alles zu, was sich zu diesem Thema zeigt oder auftut.

b) Ich gehe einen **ganzen Fragenkatalog** durch, um eine Struktur zu haben. Entweder, indem ich jeweils eine Frage stelle und dann die Augen schließe und dann erst die nächste Frage stelle, wenn ich eine Antwort auf Vorheriges befunden habe oder wenn ich erkenne, dass diese Frage sich heute nicht beantworten lässt.

Oder alternativ, indem ich die Fragen vorher aufnehme und das Medium entsprechend abspiele.

Folgende Fragen eignen sich für das Interne Interview:

➜ Wie fühle ich mich gerade?

➜ Wo fühle ich etwas? Welcher Körperteil oder welche Region fühlt sich gut an? Wo fühlt es sich nicht gut an?

➜ Welche Sehnsüchte sind in mir und welches ist die Hauptsehnsucht?

➜ Welche Bedürfnisse sind gerade in diesem Moment spürbar?

> → Was ist mir gerade wichtig?
> → Was möchte ich gerade herausfinden?
> → Fühlt es sich harmonisch in mir an?
> → Wo sind Disharmonien (körperlich/gedanklich/emotional)? Welche inneren Stimmen nehme ich wahr?
> → Was kommen mir für Bilder? Was möchte sich mir heute zeigen?
> → Sehe oder fühle ich Farben?
> → Rieche ich etwas Bestimmtes?
> → Gibt es Geräusche?
> → An welche Menschen denke ich gerade?
> → Welche Menschen können mich gerade stärken?
> → Welche Menschen tun mir gerade nicht gut?
> → Was in mir fühlt sich vernachlässigt?
> → Was brauche ich, um mir noch näher zu sein?
> → Gibt es Impulse, etwas Bestimmtes zu tun? Oder etwas Bestimmtes zu (unter)lassen oder zu verändern?

Alle Erkenntnisse, Informationen und Gefühle, die sich aus dem Internen Interview (der Selbstrecherche) ergeben, sind wichtig und relevant. Wir sortieren und analysieren diese aber nicht gründlich, sondern verdeutlichen uns nur die wichtigsten Erkenntnisse (z.b., indem wir sie aufschreiben), gehen ersten Impulsen – sofern diese auftauchen – nach und lassen alles in sich selbst wirken. Durch die stille und tiefe Begegnung mit uns kam es bereits zu einer Bewusstseinserweiterung. Wir verlassen uns darauf, dass unser System im Hintergrund, oder besser im Untergrund, für uns weiterarbeitet und mitbekommen hat, was in dem Moment wichtig war für unsere weitere Entwicklung.

Eine sehr wertvolle Übung, die man mit einem externen, auf diese Methode spezialisierten Coach zusätzlich machen kann, ist die Übung »*Inneres Team*«[27] des Kommunikationsexperten

Schulz von Thun. Es hat langfristige Auswirkung und Nachhaltigkeit und bringt innere Teile und Aspekte zum Vorschein.

Gerade für eine Frau ist es wichtig, Zugang zu ihren weiblichen Innenwelten zu haben und diesen möglichst zu behalten bzw. eine Art Code zu haben, der uns immer dann, wenn wir es brauchen, erlaubt, das Tor zu den eigenen weiblichen Innenwelten zu öffnen.

In diesem Zusammenhang geht es auch darum, an den Kern innerer Zerrissenheit und/oder Blockaden zu gelangen und alle Aspekte, die dazu führen, zu erkennen, anzunehmen und für »Ordnung im System« zu sorgen.

Vereinbarungen

Man kann auch konkrete Vereinbarungen mit sich treffen oder Regeln des besseren Miteinanders aufsetzen, beispielsweise:

- Meine inneren Stimmen (etwa die Innere Kritikerin und die Zweiflerin) möchte ich mehr harmonisieren und in Einklang bringen. Das mache ich, in dem ich ....

    ....

- Ich werde diejenigen Menschen, die mir nicht gut tun, im Moment nicht oder weniger treffen und hingegen Nähe zu denjenigen Menschen suchen, die mich stärken.

- Das waren meine wichtigsten Erkenntnisse und darauf werde ich verstärkt achten: ....

    ....

- Nächster Treffpunkt für das Interne Interview ist: ....

- Was nehme ich mir vor, das ich innerhalb von 72 Stunden umsetzen kann? ....

    ....

126

In Bezug auf den späteren individuellen weiblichen Erfolgspfad können die Internen Interviews, wenn man sie mehrfach geübt und einen guten Zugang zu sich gefunden hat, auch spezifiziert werden für konkrete Fragen, zum Beispiel:

- Was wünsche ich mir?
- Was macht meine Einzigartigkeit aus?
- Wie ist mein Verhältnis zu Macht?
- Was ist für mich Erfolg?
- Was ist für mich Weiblichkeit?

Aktivierung statt Aktionismus

Bei wirklich wichtigen Ereignissen, Entscheidungen, großen Umbruchprozessen sollten wir nachfolgende Erkenntnisse berücksichtigen, da sie von großer Bedeutung sind.

Wir müssen nicht ›das Rad neu erfinden‹, sondern können von anderen gewonnene Erkenntnisse sofort zur praktischen Anwendung bringen im Vertrauen darauf, dass Wissenschaftler und andere kluge Experten die Erkenntnisse entsprechend untersucht und geprüft haben. Ich empfehle an dieser Stelle die von Bas Kast in seinem Buch »Wie der Bauch dem Kopf beim Denken hilft«[28] zusammengetragenen Thesen, die ich auszugsweise im Nachfolgenden direkt herunterbreche auf die im thematischen Zusammenhang relevanten Empfehlungen und Prinzipien:

➢ Bei kleineren Entscheidungen und einfachen Sachlagen (z. B. simplem Produktkauf) ist es ratsam, auf seinen Verstand zu hören, also bewusst nachzudenken.

➢ Bei komplexen Themen sollte man dem Unbewussten das Denken überlassen. Dabei ist es von Vorteil, das Unbewusste mit umfangreichen, relevanten Informationen zu füttern und sich zum Experten zu machen.

➢ Danach ist es am besten, nicht weiter bewusst über die Angelegenheit nachzudenken und vor allem der Versuchung zu wiederstehen, ein (verstandesmäßiges) Urteil zu fällen. Besser ist es, alles »sacken zu lassen« und sich gegebenenfalls abzulenken, denn das Unbewusste braucht Zeit. Je mehr Zeit es eingeräumt bekommt, desto besser wird die Entscheidung ausfallen.

➢ Am Ende trifft das Unbewusste die für uns beste Entscheidung, meist in Form schneller, klarer, impulsiver Gedanken, die fast einem unumstößlichen Befehl gleichkommen.

Bas Kast schreibt sehr anschaulich: »Der Verstand ähnelt einem Scheinwerferlicht, das einen Punkt im Raum klar beleuchten kann (...) Unser bewusstes Denken ist zwar fokussiert, verliert aber durch seine Fixierung aufs Detail schnell das große Ganze aus dem Auge. Dabei macht es einen fatalen Fehler: Der Verstand geht stillschweigend davon aus, dass das, was er beleuchtet, alles ist, was es gibt«, und weiter: »Das Unbewusste dagegen, aus dem sich auch unsere intuitiven Urteile speisen, ähnelt eher einem schwachen Flutlicht, mit dem man zwar nicht jede Feinheit sehen kann (...) Alles wird ein bisschen beleuchtet. Diese Strategie erweist sich gerade in komplexen Situationen als Vorteil.«[29]

Wenn wir also Wichtiges planen, wissen wir jetzt, wie wir vorgehen:

1. Wir füttern unseren Verstand (auch ›Kopf‹ oder ›Ratio‹) mit möglichst vielen Informationen (Quellen, Recherchen, Expertenwissen, Pro und Kontra-Listen, Entscheidungskriterien) und lenken uns dann ab.

2. Wir lassen uns nicht dazu verleiten, dem Verstand die Entscheidung zu überlassen.

3. Wir lassen unserem Unterbewusstsein Zeit, alles zu verarbeiten, und dieses übernimmt die Entscheidung für uns in Form eines deutlichen Impulses.

Diese Klarheit kennen wir alle, wenn wir lange Zeit in Form von »Kopf-Kino« oder »Kopf-Karussell« über eine bestimmte Entscheidung gegrübelt haben, ohne zu einem verwertbaren Ergebnis gekommen zu sein. Plötzlich, von einer Minute auf die nächste, ist alles klar und eine Entscheidung kommt aus dem Nichts, genauer: ›aus dem Bauch‹.

Das zeigt sich zum Beispiel auch in der Weise, dass Menschen, die jahrelange Entscheidungen vor sich hergetragen haben, überstürzt ihre Sachen packen und auswandern oder ihren Partner verlassen oder spontan ihren Arbeitsplatz kündigen.

Selbstwirksamkeit

Selbstwirksamkeit ist »(...) die Überzeugung, dass es im Bereich der eigenen Möglichkeiten bzw. Fähigkeiten liegt, bestimmte Handlungen auszuführen, die zum gewünschten Ergebnis führen«.[30]

Es geht hierbei also um den Glauben an die eigenen Fähigkeiten, künftige Ziele und Herausforderungen zu meistern. Hier sind auch unser Selbstbild und die persönlichen Fähigkeiten, bezogen auf bestimmte Situationen, involviert.

Selbstwirksamkeit bedeutet aber auch, dass wir glauben, wir hätten durch unser Handeln Einfluss auf Situationen und Umstände. Und wir sprechen dann von eigenen Erwartungen (einem erwarteten Ausgang) bezüglich gewisser Situationen, Handlungen, Ergebnissen und Folgen.

Positiv wirken sich »Erfolgserlebnisse« bzw. positive Erfahrungen aus, die wir aufgrund unserer Ressourcen, unseres Könnens, unserer Kompetenzen gemacht haben.

Positiv wirkt sich auch das Lernen am Modell oder an einem Vorbild aus, weil wir dann an anderen erfahren, wie es ist, dass Dinge aufgrund selbstwirksamer Verhaltensweisen (also unter dem Einfluss) des Anderen funktionieren können.

Mehr Kraft hat es jedoch, wenn wir über bisherige eigene Erfolge reflektieren, also unsere persönliche Bilanz ziehen zwischen vergangenen Herausforderungen und der Art, wie wir diese gemeistert haben, was letztlich zum Erfolg geführt hat.

Hier spielen Vorerfahrungen natürlich eine Rolle und die Frage, auf welche Ressourcen wir konkret zurückgreifen können. Die Antwort gibt uns eine Art Sicherheit und Ahnung, dass wir uns auch in einer ähnlichen Situation wieder auf diese Ressourcen verlassen können.

Statt Misserfolg vorherzusehen und diesen dann auch herbeizuführen durch die Haltung und den eigenen Unglauben, geht es bei Selbstwirksamkeit um selbst verursachtes Gelingen. Das Gegenteil ist das Gefühl des Ausgeliefertseins und/oder das Erleben von Unkontrollierbarkeit (Opferrolle).

Aber auch unsere Motivation spielt eine Rolle und sie hängt eng zusammen mit der Antwort auf die Frage »Schaffe ich das?«.

Menschen mit einem starken Glauben an die eigenen Fähigkeiten (hohe Selbstwirksamkeit) zeigen größere Ausdauer, größeres Durchhaltevermögen sowie ein höheres Maß an Anstrengung und Motivation bei der Bewältigung von Aufgaben und Herausforderungen; sie setzen sich höhere Ziele und halten eher durch.

Menschen hingegen, die wenig bis kaum Glauben in ihr eigenes Tun haben und sozusagen von ihrer Überzeugung her auf den Misserfolg zuarbeiten, strengen sich entsprechend weniger an und geben schneller auf.

Überzeugungen über die eigenen Fähigkeiten beeinflussen also in großem Ausmaß das Handeln.

Das heißt, von den Überzeugungen und dem Glauben an uns hängt es ab, ob wir Erfolg generieren oder nicht, und zwar in einem weitaus höheren Maße, als dass Erfolg von den tatsächlichen Fähigkeiten und Kompetenzen abhängt.

Bei der Selbstwirksamkeit sprechen wir auch immer davon, dass wir etwas erreichen, **obwohl** die Umstände zum Beispiel schwierig waren.

Was man noch wissen sollte, ist, dass die Selbstwirksamkeit keine feste Größe ist. Sie kann bei einer Person in verschiedenen Bereichen des Lebens unterschiedlich ausgeprägt sein. Das heißt, bei jeder Herausforderung erhebt sich das Gefühl der Selbstwirksamkeit neu. Darum lohnt es sich, sich vor jeder Veränderung, die ansteht, zu fragen, ob man bei diesem Thema erfahrungsgemäß zuversichtlich ist oder nicht.

Studien belegen, dass die trainierte Selbstwirksamkeit in jedem Fall zu Erfolgen verhelfen kann.

Selbstfürsorge und Balance

Mitunter vergessen wir in der Arbeitswelt und aufgrund unserer vielfältigen Verpflichtungen im Leben, dass wir mehr sind als unsere Fähigkeiten und unsere Leistungen bzw. die Ergebnisse unserer Bemühungen. Unsere Persönlichkeit beruht auf vielen anderen kleinen und großen Aspekten, die uns in Summe zu der machen, die und was wir sind.

Unser Verhalten, unsere Gedanken, unsere Gefühle und Emotionen, unser kreativer Ausdruck, unsere geistige Reife – all das macht uns zu einer für uns selbst und andere erlebbaren, einzigartigen Größe und bestimmt unser Menschsein. Auch unser Mehrwert und Selbstwert sind daran geknüpft, schlicht diejenigen zu sein, die wir sind, ganz ohne etwas zu tun.

Zu oft vergessen wir das und sehen uns selbst und die Anderen beschränkt auf ihre Funktionen. Wir haben unendlich viele Funktionen und innerhalb dieser schränken wir unser Handeln auf das Funktionieren ein.

Wofür wir uns selbst, wenn wir ehrlich zu uns sind, und wofür andere uns wirklich schätzen, ist oft eben genau nicht die Leistung. Wir erfahren den Unterschied, indem wir *wir* selbst sind, uns in uns wohlfühlen und uns dabei selbst zum Ausdruck bringen.

Wenn wir uns ausschließlich über Arbeit und Leistung identifizieren, kann das zu Arbeitssucht führen und dazu, dass wir uns emotional unangemessen einseitig an die Arbeit binden. Wir fühlen uns dann einzig unserer Arbeit zugehörig und unsere Identität und unser Selbstwert sind in einem ungesunden Maße mit dem Leistungsaspekt verbunden.

In der Konsequenz ziehen wir unseren Lebenssinn und unsere

Daseinsberechtigung ausschließlich aus der Erfüllung von Aufgaben, also aus der Erbringung von Leistung.

Neben der Gefahr, dass sich die sozialen (Beziehungs-)Strukturen langsam auflösen und irgendwann gar keinen Platz mehr finden, weil das gesamte Leben der Arbeit untergeordnet wird, schürt die emotionale Abhängigkeit von der Arbeit Angst und Unsicherheit und wir beginnen, den Bezug zu uns, zur Welt und zum Sinn des Lebens zu verlieren.

Bei der **Selbstfürsorge** geht es darum, sich daran zu erinnern, dass wir für uns selbst zuständig sind. Die »Sorge um sich« – für uns zuständig zu sein und unser Leben zu gestalten – steht also im Mittelpunkt. Wir können uns erst dann richtig und in gesundem Umfang um andere kümmern, wenn wir selbst stabil und gesund sind und uns selbst gerecht werden.

Sehr anschaulich und klar wird diese Sichtweise, wenn Eltern im Flieger dazu angehalten werden, erst sich selbst anzuschnallen und dann die mitreisenden Kinder.

Wir alle haben nur einen begrenzten Energiehaushalt, der auch nicht immer gleich gut ausgestattet ist. Niemand sonst sorgt so gut für uns, wie wir es selbst können. Denn nur wir wissen, was uns fehlt. Es gehört auch zur Selbstformung und eigenen Lebensgestaltung, dass wir uns für uns zuständig fühlen. Und damit übernehmen wir die Eigenverantwortung für unser Leben, unser Wohlbefinden und unsere Gesundheit und entwickeln, gestalten unseren eigenen, individuell ausgearbeiteten Lebensstil und -plan und behalten diesen stets im Auge.

Dazu gehören auch die Aspekte, sich selbst (und den eigenen Ressourcen) zu vertrauen, sich so anzunehmen und zu akzeptieren, wie man ist und nicht übermäßig der Vergangenheit anzuhaften, weil wir diese nicht mehr ändern können, aber aus vorangegangenen Erkenntnissen heraus unsere Zukunft besser gestalten können.

Eigenverantwortung

Eigenverantwortung bedeutet, wir fühlen uns in vollem Masse für unser Handeln zuständig und nehmen unser Leben in die (eigene) Hand.

Indem wir uns für unser Verhalten verantwortlich fühlen, können wir auch mit den Konsequenzen und mit den aus unseren Entscheidungen resultierenden Ereignissen entsprechend umgehen und lassen uns nicht dazu verführen, uns als Opfer der Umstände zu begreifen. Im Umgang mit unseren Lebensumständen legen wir eine Offenheit und Flexibilität an den Tag, die es uns ermöglicht, in Bewegung zu bleiben und Themen für uns positiv zu lösen.

Verantwortung übernehmen heißt nicht, mir die Schuld zu geben, sondern mich den Tatsachen und Gegebenheiten zu stellen, die in meinem Leben passieren. Eigenverantwortung führt zu einer neuen inneren Unabhängigkeit.

Wenn wir Verantwortung für unseren Körper und unsere Gesundheit übernehmen, ernähren wir uns automatisch gesund, bewegen uns, trinken ausreichend, sorgen für regelmäßige Erholung und verhindern eine ungesunde Lebensweise.

Auch für unsere Gedanken übernehmen wir die volle Verantwortung, denn diese entstehen aus unseren Einstellungen und Überzeugungen (auch Glaubenssätzen) heraus. Niemand anderes *macht* uns Gedanken, ebenso wenig *macht* uns jemand Gefühle.

Auch wenn unschöne, unangenehme Dinge im Außen passieren, sind wir dennoch für unsere Gefühle und Empfindungen, also für das, was in uns ausgelöst wird, selbst verantwortlich.

Gerne schieben wir unsere Reaktionen auf andere Umstände oder Menschen und fühlen uns hilflos ausgeliefert. Diese Haltung schwächt uns.

Bei der Übernahme von Eigenverantwortung müssen wir unsere Wahrnehmung in Richtung wichtiger Impulse schärfen und auch eigene Einschränkungen wie etwa negative Gedankenspiralen erkennen, um diese ins Positive zu lenken.

Auch wenn wir in Teilen die Verantwortung auf jemanden oder etwas übertragen (in überantworteten Situationen wie bei einem Flug, einem Fallschirmsprung oder auf dem Operationstisch) legen wir innerhalb der vorgegebenen Grenzen nie ganz die Verantwortung für uns ab.

Es geht bei der Selbstfürsorge auch darum, auf seine inneren Stimmen und Gefühle zu hören und eine gute Beziehung zu und mit sich selbst zu haben und zu pflegen. Im Mittelpunkt steht dabei das eigene Wohlbefinden und wie gut ich emotional, körperlich und mental aufgestellt bin, was sich auch in Form eines guten und positiven Körpergefühls ausdrückt.

So wie ich mich bewerte, mich definiere, mich annehme und liebe, so werde ich mich selbst auch behandeln.

In Anwendung der Selbstfürsorge werde ich selbst zur Heldin in meinem Leben und spiele nicht über Gebühr Heldin für andere.

Bei Frauen ist das Thema **Höflichkeit** anderen gegenüber oftmals überdimensioniert und tritt häufig in Form übertriebener oder auch in Teilen sogar unangemessener Höflichkeit auf.

Hier kann ich mich fragen:

➔ Wie höflich bin ich zu mir selbst, mir selbst gegenüber?

➔ Wann bin ich höflich, obwohl ich mich ärgere? Wann unterdrücke ich meine Wut und andere echte Gefühle?

➔ Wie würde ich mich in der Situation verhalten, ginge es zum Beispiel um mein Kind, das ich verteidigen oder beschützen müsste?

Gerade weil Frauen mehr sozialisieren und damit per se einen erweiterten Blick auf die Bedürfnisse der Anderen haben, damit auch eher dazu neigen, *ja* zu sagen, müssen sie besonders gut auf sich selbst achten und in **Selbstaufmerksamkeit und Achtsamkeit** lernen, ihre Fürsorge vor allem bei sich selbst anzuwenden, sich dabei Gutes zu tun und eine erhöhte Sensibilisierung für die eigenen Belange und Bedürfnisse zu entwickeln.

Es bedeutet aber auch, die Kümmerinnen-Mentalität abzulegen – was nicht heißt, dass man sich nicht angebracht und angemessen um andere sorgen und kümmern soll oder darf.

Zum Thema der Selbstfürsorge gehört auch, seine **eigenen Belastungsgrenzen** zu kennen und diese nicht überzustrapazieren. Es geht hier auch um die Fähigkeit, Grenzen zu ziehen, zu setzen und »nein« bzw. »ich will« oder »ich kann nicht« sagen zu können oder zu lernen.

Frauen erleben das Thema der eigenen Grenze sehr intensiv, auch aus der weiblichen Angst vor Übergriffen, vor körperlicher Unterlegenheit und Kontrollverlust heraus.

Grenzüberschreitungen können verbal, körperlich oder durch andere Verhaltensweisen geschehen. Beleidigungen, Ausgrenzungen, Schlechtbehandlungen können ebenfalls Formen von Übergriffen oder Grenzüberschreitungen sein.

Bei einem Abgrenzungsdefizit sollten wir herausfinden, woher dieses genau kommt und in welcher Situation es sich besonders bemerkbar macht. Wenn wir beispielsweise dazu neigen, uns selbst kleiner zu machen, als wir sind, geben wir anderen den Eindruck, größer (als wir) zu sein – was Frauen oftmals tatsächlich glauben. Auch damit ist das Tor für Überschreitungen geöffnet.

So fragen wir uns:

- Bin ich mir unsicher, was überhaupt eine Grenzüberschreitung ist? Bin ich gegebenenfalls tolerant und inkonsequent, wenn meine Grenzen überschritten werden, oder zweifele dabei schnell an meinen Empfindungen?

- Welches Verhalten an anderen hat mich zuletzt verletzt und welche Grenzen wurden da gegebenenfalls überschritten?
- Haben meine Eltern und andere Vorbilder sich selbst gut abgrenzen können? Gab es in meiner Kindheit Grenzüberschreitungen mir oder anderen Familienmitgliedern gegenüber?
- Hat das sich nicht gut abgrenzen Können generellen Charakter oder zeigt es sich nur bei bestimmten Situationen und Personen?
- In welchen Situationen meine ich *nein* und sage *ja*?
- Was ist meine Erklärung dafür?
- Möchte ich damit gefallen, beliebt sein?
- Möchte ich Jemandem einen Gefallen tun und helfen? Gibt es mir das Gefühl, gebraucht zu werden?
- Bekomme ich ein gutes Gefühl oder eine Bestätigung von außen?
- Habe ich das Gefühl, nicht nein sagen zu dürfen? Warum?
- Komme ich mir wie ein liebloser, distanzierter Mensch vor, wenn ich Grenzen um mich ziehe?
- Will ich niemandem eine Bitte abschlagen, um die Person nicht zu verletzen?
- Habe ich ein schlechtes Gewissen oder Schuldgefühle, wenn ich nein sage?
- Beschäftige ich mich damit, was die anderen denken könnten über mich, wenn ich etwas ablehne?

Abgrenzungskompetenz kann man lernen.

Zunächst geht es darum, Grenzen überhaupt zu spüren. Erst im nächsten Schritt stellt sich die Aufgabe, Grenzüberschreitungen richtig einzuschätzen, um sie später schnell und sicher identifizieren zu können und dabei der eigenen Wahrnehmung zu vertrauen.

Wenn es darum geht, unsere Grenzen aktiv zu verteidigen, müssen wir aktiv und strukturiert lernen, Grenzen zu setzen. Das Erlernen der Fähigkeit zur Abgrenzung beinhaltet auf der einen Seite, selbst Grenzen zu setzen durch Gesten, Worte oder Handlungen, *nein* zu sagen und gewisse Aufgaben abzulehnen (zum Beispiel ungeliebte Zusatzaufgaben).

Es gibt verschiedene Lernmodelle, aus denen ich wählen kann. Je besser meine Abgrenzungskompetenz ist, desto größer wird meine Freiheit und Entscheidungsmöglichkeit. Wenn ich danach immer noch ja-sage und mich nicht abgrenze, ist es wichtig herauszufinden, was der Grund dafür ist.

Oftmals haben Frauen die Erwartung und Vermutung, dass, wenn sie selbst in Vorleistung treten, indem sie jemandem einen Gefallen tun, derjenige dann umgekehrt ebenso handeln wird oder auf andere Weise Dankbarkeit zeigt. Diese Rechnung geht allerdings nicht auf, weil es sich nicht um eine Vereinbarung, sondern um eine einseitige, dem Anderen unbekannte Annahme handelt, die schnell zu Frustration und ›Ent-Täuschung‹ führt.

In jedem Fall tragen wir selbst die Verantwortung für unsere Entscheidungen und sollten uns fragen, ob wir die Dinge, die wir für andere tun, von Herzen und frei von Erwartungen tun.

Vor allem auf körperlicher Ebene, wo Frauen besonders sensibel sind und es schnell zu Übergriffen kommen kann, muss deutlich werden, bis wohin der Andere gehen darf. Körperliche Grenzüberschreitungen brauchen schnelle und deutliche Rückmeldungen. Niemand hat das Recht, unseren natürlichen Wohlfühl-Körperabstand zu überschreiten und uns ungewollt zu berühren.

Aus der Erkenntnis heraus, dass es auf körperlicher Ebene einfacher ist, »Verankerungen« vorzunehmen bzw. Anker zu setzen, kann man diese enorme Körperintelligenz für sich nutzen. Hier ist ein spezielles Selbstsicherheits- und Selbstbehauptungstraining (das auch im Zuge des Konzeptes »Der weibliche Erfolgspfad« als Modul konzipiert wurde) zu empfehlen, welches ›Grenzen spüren, wahren, verteidigen und Sichabgrenzen‹ zum Inhalt hat.

Abgrenzungskompetenz beinhaltet weiterhin den Aspekt des **Delegierens.** (Delegieren meint auch an Kollegen verteilen.) Viele Frauen neigen aus unterschiedlichen Gründen dazu, alles alleine zu bewältigen. Damit machen sie es ihrem Umfeld bequem. Das geht schnell davon aus, dass die Frau sich für bestimmte Aufgaben zuständig fühlt, und denkt nicht weiter darüber nach. Die Aufgabenerledigung wird dann zur Selbstverständlichkeit, zumal das Umfeld eine Erwartung hat, die sich oft noch potenziert mit dem Pflichtbewusstsein und Verantwortungsgefühl der betreffenden Frau.

Dabei übersehen Frauen, dass es in einer Lebens- und Arbeitsgemeinschaft um eine *gemeinsame*, nicht um einseitige Arbeitsbewältigung geht und damit die Aufgaben und Aktivitäten auch auf die Gemeinschaft umzuverteilen sind.

Auch bei eigenen Herausforderungen vergessen Frauen, dass sie durchaus Freunde, Familie, Partner, Teammitglieder und Mitarbeiter um Unterstützung bitten können. Diese können allerdings nur aktiv teilhaben, wenn sie um unsere Sorgen und aktuellen Herausforderungen wissen.

Wir müssen lernen, den Menschen um uns herum dahingehend zu vertrauen, dass sie nicht schlechter über uns denken, wenn wir um Hilfe bitten. Und wir müssen lernen, ihnen zuzutrauen, dass sie überhaupt in der Lage sind, uns zu helfen.

Vor allem wenn wir nicht aktiv fragen, unseren Stolz oder unsere Unsicherheit nicht überwinden und es nicht testen, können wir nicht herausfinden, wie es um die Kompetenzen unserer Umgebung steht. Umgekehrt können wir nichts von ihr lernen und wir weigern uns dabei – bewusst oder unbewusst –, an Bereicherungen von außen und Synergien zu glauben. Und wir weigern uns, Kontrolle abzugeben.

Wenn wir unsere Partner, Kollegen oder Mitarbeiter schonen, werden diese bald schon Verantwortung ablehnen und auf lange Sicht immer unselbständiger und bequemer werden.

Vor allem Frauen, die dazu übergehen, Verantwortung für

andere zu übernehmen, müssen lernen, diese Verantwortung wieder dahin zurückzugeben, wo sie hingehört. Auch Vorgesetzte haben die Funktion, uns zu unterstützen; das heißt, wir können auch nach oben delegieren und um Hilfe bitten.

Generell ist es für Frauen ein wichtiges Thema, Klarheit und Ordnung dahingehend zu schaffen, wo die eigenen Grenzen der Verantwortung, des Einflusses und der Verpflichtung liegen und wo die der anderen sind. Es geht also darum, zu differenzieren, was wohin gehört, um uns und andere vor schädigenden Abhängigkeiten zu bewahren – und dabei konsequent zu sein.

Auch wenn erste Abgrenzungsversuche scheitern sollten, weil wir nicht standhaft geblieben sind und/oder unser Umfeld diese boykottiert, lohnt es sich dran zu bleiben, auch in kleinen Dingen. Unsere Umgebung hat oft Widerstände gegen jegliche Form der veränderten Verhaltensweisen innerhalb eines »funktionierenden Systems«, weil sie sich dann auch entsprechend anpassen muss.

Natürlich soll man nicht gleich aufgeben, wenn man an eigene Grenzen stößt, denn an diesen Situationen kann man besonders wachsen, jedoch geht es bei Frauen meist um ein anders gelagertes Thema, nämlich das Phänomen, über Grenzen des Machbaren und gesunden Maßes hinauszugehen.

Wir sind nicht zufällig in *einem*, nämlich *unserem* Körper verhaftet und müssen für diesen die volle Verantwortung übernehmen und vollen Einsatz bringen: Niemand ist uns selbst (im wahrsten körperlichen Sinne) näher als wir selbst.

Wir sind uns also selbst treu, wenn wir den anderen Grenzen aufzeigen und dabei unsere Grenzen bewahren.

Es gibt unzählige Möglichkeiten, unsere eigenen Grenzen zu wahren und Überforderung zu verhindern, insbesondere wenn es darum geht, die eigene Belastungsgrenze zu schonen.

Unsere Belastbarkeit ist endlich und so ist es im Sinne eines Selbstschutzes, den wir uns selbst schuldig sind, dass wir uns nicht ausbeuten, sondern regelmäßig für **Erholung** sorgen.

Auch bei dieser Art von Planung in Richtung der Selbstfürsorge müssen wir ein Konzept entwickeln und es in unseren Privat- und Arbeitsalltag integrieren.

Hierbei berücksichtigen wir natürlich unsere Abläufe und planen Zeit nur für uns ein, zum Beispiel in Form kleiner Oasen der Erholung. Diese brauchen feste Zeiten, ein Symbol, das uns an sie erinnert, oder feste Rituale (»immer wenn ich …« oder »bevor ich …«). Ratsam ist, auch darüber Buch zu führen, was wir konkret gemacht haben und was wir dabei empfunden haben.

Auch die Arbeit mit Skalen kann hier gut unterstützen. Wenn ich mir bewusst gemacht habe, was mir fehlt und wie zum Beispiel mein (negatives) Überforderungssystem aussieht, kann ich eine Art FRÜHWARNSYSTEM ausarbeiten (siehe Anhang 1).

Diese Hilfsmittel dienen dazu, methodisch festzuhalten, an welchen Aspekten/Empfindungen oder Tätigkeiten ich festmache, ob ich mehr, weniger oder gar nicht fürsorglich zu mir war und ob ich für kleine Entlastungen und Freuden gesorgt habe.

Hierzu führe ich eine Liste und trage zu den jeweils vorher definierten Aspekten abends mein gefühltes Ergebnis auf einer Skala von 0 bis 10 ein. Ich kann mit solchen Mitteln schneller reagieren und gegenlenken bzw. ertappe ich mich frühzeitig dabei, wenn ich mich vernachlässige.

Oft sind es die Kleinigkeiten, die den Unterschied machen und den Anfang bilden. Wir sollten uns auch hierbei nicht überfordern, indem wir uns zu viel auf einmal vornehmen oder unrealistische Ziele stecken!

Auch mit den Menschen in der direkten Lebensumgebung kann man feste Vereinbarungen oder Verabredungen treffen. Wenn man an dieser Stelle beim Lesen denkt, dass dies z.B. mit Kindern unrealistisch sei, machen wir uns bitte bewusst, dass, wenn wir ernsthaft erkranken, niemand etwas von uns hat.

Wir nehmen uns an diesen Punkten viel zu wenig ernst. Doch genau in diesen Graubereichen liegt eine enorme Vielfalt an Handlungsmöglichkeiten.

Auch das Nichtstun gehört zu den Dingen, die wir wieder lernen müssen, um uns vom Alltag, der uns mit seinen tatsächlichen oder vermeintlichen Verpflichtungen ständig (an-)treibt, zu erholen und zu entspannen.

Wichtig bei all dem ist, dass wir Dinge finden, die zu uns passen, die uns liegen und Spaß machen und dass wir uns dabei den nötigen Raum nehmen.

Emotionale Durchsetzungskraft zeigt sich daran, wie gut wir für unsere Themen einstehen und wie wir diese für uns angehen.

Viel zu oft verlieren wir wertvollen Raum dadurch, dass wir nicht einfach mit dem loslegen, was wichtig ist und uns gut tut, also in die Aktivität gehen, sondern uns zunächst erklären. Von langen und umständlichen Erklärungen ist es nicht mehr weit zu **Rechtfertigungen**, in denen wir uns verlieren. Das schwächt uns selbst und unsere Position.

Vor wem müssen wir uns bezüglich der Durchsetzung unserer Selbstfürsorge erklären? Wenn es dabei um die Kinderbetreuung oder andere Verpflichtungen geht, kann man natürlich in Verhandlung mit dem Partner gehen, aber diesem auch etwas zumuten, statt die eigene Position abzuwerten und vorschnell Zugeständnisse zu machen, in dem man den Löwinnen-Anteil der Verantwortung übernimmt.

Bei der emotionalen Durchsetzung machen Frauen oft den Fehler, sich auf andere und die Beziehung zu fokussieren, zum Beispiel, indem wir den Partner (um Erlaubnis) fragen.

Dabei tendieren wir auch manchmal zu **Kontrolle und Manipulation**, um etwas auf Umwegen zu erreichen, statt den direkten Weg zu gehen, nämlich einfach zu sagen, was wir wollen, es nach außen deutlich zu machen und auch umzusetzen.

Der gerade Weg setzt allerdings voraus, dass wir uns ehrlich eingestehen, was wir wollen und brauchen, und dass wir akzeptieren, dass diese Dinge absolut in Ordnung sind und uns zustehen.

In der Kommunikation mit anderen geht es dann darum, Indirektheit zu vermeiden.

Satzanfänge wie »Wir sollten …« oder »Findest du nicht auch, dass wir mal wieder …« sind zu vermeiden. Gute Satzanfänge sind in diesem Kontext: »Ich will …«, »Ich will nicht …«, »Ich möchte …« und »Ich möchte nicht …«.

Da Frauen oft erheblich unter Schuldgefühlen und einem schlechten Gewissen leiden, können sie genau an diesen Punkten wiederum sehr leicht manipuliert werden. Das passiert, indem der Andere vorgibt, persönlich enttäuscht von uns zu sein, unser Mitgefühl (oder unsere Gutmütigkeit) anzapft oder uns einredet, wir würden nur an uns denken.

Schuldgefühle und schlechtes Gewissen sind zwei unangenehme und zutiefst destruktive Begleiter. Sie sind da, auch wenn es keinen Grund dafür gibt. Wir sind nicht schuldig und haben nichts verbrochen und trotzdem verfolgen sie uns auf Schritt und Tritt und sorgen dafür, dass wir uns nicht auf uns selbst konzentrieren. Sie entbehren jeglicher Logik und Beweislage und sind damit überflüssig. Ihre Entstehung ergibt sich aus eigenen (moralischen) Ansprüchen oder denen von anderen, deren Erfüllung wir irrtümlich für unsere Pflicht und Aufgabe halten.

Deshalb sollten wir sie enttarnen/entlarven (in welcher Situation erscheinen sie?) und ihnen möglichst jede Daseinsberechtigung und Existenzgrundlage entziehen.

Wenn wir achtsamer mit uns sind, beschäftigen wir uns automatisch auch mit unseren **Stressoren**, mit (Rahmen-)bedingungen, mit Denkmustern und den Faktoren, die Stress erzeugen. Hier dienen uns Modelle wie Stressorentests und Stresstagebücher als Hilfsmittel aus der modernen Stressforschung.

Erst wenn uns die Stressoren vollumfänglich bekannt und bewusst werden, können wir die Arbeit beginnen: Welche der Gegebenheiten können wir ändern, welche sollten wir akzeptieren? Manchmal bedarf es dabei einer Bewertungs- oder Einstellungsänderung, manchmal müssen wir belastende Situationen eine Zeitlang meiden oder ganz abstellen.

In jedem Fall steht uns eine wertvolle und intensive Arbeit bevor, die eine Erstellung persönlicher Projektpläne zur Stress-bewältigung mit einer entsprechenden Vernetzung im Alltag und der praktischen Bewältigung von Hindernissen beinhaltet.

Hierbei lernen wir ein neues Priorisieren der vielfältigen Anforderungen, eine Verbesserung der persönlichen Gesundheits-kompetenz und einfache Gegenlenkmaßnahmen kennen.

Sehr häufig erlebe ich, dass Frauen in Bezug auf ihre Stressoren in der Beratung nur schwer zu erreichen sind, weil sie die feste Überzeugung mitbringen, die Umstände ließen sich nicht verändern. Damit akzeptieren sie die Stressoren als Teil ihres Lebens und ignorieren, dass Stressoren nicht statisch sind, sondern zum eigenen Verantwortungsbereich gehören und sich daher verändern lassen.

Unser Einfluss auf die Stressoren ist immens groß und bietet eine Vielzahl von Möglichkeiten.

Zunächst unterscheidet man zwischen den **internen** und den **externen Belastungen**. Interne Belastungen sind begleitet durch Konflikte, aber auch durch eigene Barrieren und Überzeugungen.

Externe Belastungen sind zum Beispiel die Arbeitsumgebung oder die Pflege von Angehörigen. Bei allen Stressoren lohnt es sich, genau zu prüfen, ob es möglich ist, die Belastungen zu verringern oder ganz abzustellen und nach Alternativen zu suchen.

Der nächste Schritt in der unbewusst ablaufenden STRESS-KETTENREAKTION (vgl. Anhang 2) ist die Wahrnehmung. Hier haben wir bei genauer Betrachtungsweise die Chance, *unsere Stressoren zu erkennen und zum Beispiel in Bezug auf Intensität oder Dauer einzukreisen.* Bei zu vielen auf uns einströmenden Stressoren kann es zu einer reduzierten Wahrnehmung oder einem Tunnelblick kommen. Hier haben wir die Möglichkeit, durch Aufmerksamkeit und Selbstreflektion *unsere Wahrnehmung zu schärfen und entsprechend zu lenken.*

Von der Wahrnehmung geht es weiter zu unserer Bewertung.

Auch hier können wir positiv einlenken, in dem wir *Anforderungen als Herausforderungen betrachten* und uns vor Augen führen, dass wir über bestimmte, verlässliche *Bewältigungs-Ressourcen* verfügen und wie wir ähnliche Situationen in der Vergangenheit bereits gemeistert haben. Dann erleben wir Stress eher als etwas, das zu unserem Leben gehört, das wir kontrollieren können. Gefühle wie Bedrohung, Ausgeliefertsein, Überforderung, Hilflosigkeit haben so keine oder weniger Entstehungsmöglichkeit.

Je gesünder, entspannter und ausgeglichener wir sind, desto weniger belasten uns die Anforderungen und desto neutraler bewerten wir diese. Auch hier haben wir ein weites Feld an Entfaltungsmöglichkeiten.

Auch in der Bewältigung der Anforderungen geht es uns besser, wenn wir an unsere Fähigkeiten glauben und uns an die Problemlösung heranmachen, also Bewältigungsanstrengungen unternehmen, statt zu hadern oder uns zu lange mit Ängsten aufzuhalten.

Je mehr Handlungsmöglichkeiten wir in Erwägung ziehen, desto größer empfinden wir unsere Einflussmöglichkeit.

An die Bewältigung können wir **problem- und lösungsorientiert** herangehen: Um die Problemsituation zu bewältigen oder zu ändern, wählen wir konkrete Handlungen oder passen uns den Gegebenheiten an. Oder wir können uns z.B. **emotionsorientiert** verhalten, indem wir den Bezug bzw. die Einstellung zur Situation ändern und die emotionale Erregung abbauen, beispielsweise durch Gespräche.

Die Arbeit mit den Stressoren ist immer höchst individuell und kann daher erst erlebbar und erlernbar werden anhand von Situationen, in denen wir – etwa gemeinsam mit einem Stressmanagement-Berater – erfahren, welche Einfluss-, Kontroll- und Veränderungsmöglichkeiten wir tatsächlich im einzelnen haben.

Balance

Balance findet in Bewegung statt. Es gibt einen Moment beim Balanceakt, bei dem größtmögliche Unsicherheit herrscht, indem man zum Beispiel auf einem Drahtseil von einem auf den anderen Fuß übergeht. Auf diese Unsicherheit müssen wir uns einlassen, um wieder sicher auf den Füßen stehen zu können. Balance ist insofern nie ein statischer Prozess, nichts, was man festhalten kann und das sich stabil zeigt.

Zur Balance passt das Bild der Waage. Auf ihr kann man etwas wegnehmen oder hinzufügen. Verändert sich eine Seite, verliert sich die Balance. Es braucht Bewegung und Dynamik, um die Balance zu finden und sie immer wieder neu herzustellen.

Immer mehr Frauen sind durch ein über die erträglichen Maße hinausgehendes Engagement und eine über Jahre andauernde (zu) hohe Verausgabungsbereitschaft von Überlastungs- und Überforderungssymptomen betroffen. Vielen fällt es schwer, sich abzugrenzen, *nein* zu sagen und sich nicht nur für andere, sondern auch für sich selbst einzusetzen und zu sorgen. Obwohl Frauen ihren Körper gut spüren können, unterdrücken sie ihre Bedürfnisse und bewegen sich (emotional und körperlich) über ihre Belastungsgrenzen hinaus.

Auch **ungesunde äußere und innere Antreiber** (eigene Sabotagemuster, Selbstkritik, Abwertungsprogramme) und die Angewohnheit, alles persönlich zu nehmen, begünstigen die **eigene Ausbeutung** und sollten daher identifiziert werden.

Obwohl sich Frauen um viele Themen parallel kümmern und dabei für andere mitsorgen und denken, fällt es ihnen schwer, selbst Hilfe anzunehmen, um Unterstützung zu bitten und Arbeiten zu verteilen. Entweder es mangelt, gerade bei Doppelbelastungen aus Beruf und Familie, an sozialer Unterstützung oder diese wird zu wenig eingefordert bzw. in Anspruch genommen.

Die **Lern- und Entwicklungsthemen** von Frauen sind, hieraus abgeleitet, aus meiner Sicht:

- die Anerkennung der eigenen Grenzen;
- das Erkennen der eigenen Stressoren und Bedürfnisse;
- die Analyse unangemessener Ideale sowie unwahrer und blockierender Glaubenssätze;
- ein für die Frau selbst positiver Umgang mit Erwartungen (eigene, fremde, Interpretationen);
- die Stärkung der Selbstakzeptanz;
- ein verbesserter Umgang mit Druck und Konflikten;
- die Erhöhung der Mentalstärke.

Im Spannungsfeld zu vieler Anforderungen bei gleichzeitig hohen eigenen Ansprüchen gehören Frauen zu einer besonders **durch psychische Erkrankungen gefährdeten Personengruppe.**

Im Kampf gegen Burnout, Erschöpfung, Tinnitus, Hörsturz und andere typische psychische Belastungserkrankungen im Beruf unterstützt präventiv eine simple Formel, auf die sich alle Maßnahmen herunterbrechen lassen:

Auf der einen Seite hilft alles, was die Belastbarkeit im Sinne von **Bewältigungskompetenz erhöht** (Mentaltraining, Erhöhung der Resilienz, Einstellungsänderung, Entspannungsverfahren, körperzentrierte Therapien etc.), andererseits alles, was Stress bzw. die Stressoren und den **Anforderungsdruck verringert** (arbeitstechnische und private Lebens-/Rahmenbedingungen, Stressbilanz, Analyse der Stressoren etc.).

Die effektivste Form von Wiederherstellung der Balance ist ein Ansatz an beiden Hebeln bzw. der jeweiligen Gewichtung.

Balance steht für Gleichgewicht. Besser kann man es kaum benennen: Alles, was das Leben ausmacht, sollte möglichst gleich oder ähnlich gewichtet sein. Lebendigkeit zeichnet sich dadurch aus, dass wir nicht nur einen Lebensbereich ausfüllen. Wer kann schon gut längere Zeit nur auf einem Bein stehen?

Einseitige Belastungen führen genauso zu Unzufriedenheit wie Doppelbelastungen, nämlich wenn uns mehrere Aufgaben – zumeist Verpflichtungen – so vereinnahmen, dass wir keine Zeit mehr für uns, unsere Bedürfnisse und die Dinge haben, die uns Energie geben.

Aber auch *innerhalb* dessen, was wir jeweils tun, gilt es in Balance zu sein. Dazu gehört zum Beispiel, dass wir bei der Arbeit Pausen machen, uns kleine Auszeiten nehmen und trotz eines Schreibtischjobs nicht dauerhaft Mahlzeiten einnehmen, die ursprünglich für körperlich arbeitende Menschen gedacht waren, sondern uns ausgewogen und leicht ernähren. Es sollte hinzukommen, dass wir uns ausreichend bewegen oder kleine Übungen am Arbeitsplatz machen (dehnen, strecken, Entspannungssequenzen, z.b. aus der Progressiven Muskelrelaxation).

Wichtig ist dabei auch, dass wir tatsächlich einen *Ausgleich* für einseitige Tätigkeiten finden. Zum Beispiel ist es für berufliche Leistungsträger nicht ratsam, einen Leistungssport zu wählen. Einen Ausgleich bietet ihnen da eher ein Sport, der in der Gruppe Spaß bringt und in dem nicht ebenfalls der Leistungsaspekt überwiegt.

Wenn wir im Job viel sprechen müssen, sind stillere Tätigkeiten geeignet, wenn wir viel mit Menschen zu tun haben, sind Aktivitäten zu empfehlen, die wir ganz für uns selbst und unser Wohlbefinden tun (Musik hören, Buch lesen etc.).

Einer Topmanagerin, die oft Entscheidungen alleine treffen muss und Verantwortung für alle trägt, tun vielleicht teamorientierte Tätigkeiten in der Freizeit gut, bei denen sie etwas mehr loslassen kann.

Dieses Prinzip des Ausgleichens gilt auch umgekehrt (also privat/beruflich). Wenn wir Ehrenämter/Vorsitze schon im privaten Umfeld haben, die viel Engagement und Zeitinvest erfordern, passt zu uns vielleicht eher eine berufliche Position, die nicht einhergeht mit einem extrem hohen Maß an Verantwortung und zeitlicher Einsatzbereitschaft.

Das sind lediglich Beispiele für Ausgleich schaffende Möglichkeiten. Eines gilt aber für sie alle: Damit wir Balance in unserem Leben integrieren, müssen wir uns wieder in Erinnerung bringen, was wirklich wichtig ist und auf was es wirklich für uns ankommt.

Und bei der ehrlichen Betrachtungsweise sollten wir vor allem uns Raum geben, feste Verabredungen mit uns selbst einplanen: Zeiten, die man nur mit sich verbringt. Dabei werden wir darauf achten, dass auch solche Aspekte wie Spaß, Freude, Schönheit, Genuss, Sinnlichkeit und Gelassenheit ins Spiel kommen.

Bedürftigkeit

Wir leben in einer defizitären Kultur, in der für viele Menschen Materielles weitestgehend vorhanden ist, die uns auf der anderen Seite aber vieles entbehren lässt, von dem wir emotional abhängig sind.

In heutigen Zeiten können wir zwar beruhigt schlafen, weil wir weitestgehend Sicherheit (Schlafplatz, Nahrung, Ordnung, Wärme etc.) vorfinden. Jedoch empfinden wir im sozialen Umfeld oft Unsicherheiten (Instabilität in Beziehungen, im Job etc.), die uns wach halten.

Wenn unsere Bedürfnisse nicht mehr im Vordergrund unseres Lebens stehen, dann werden wir *bedürftig*. Wenn wir unsere Bedürftigkeit nach außen, auf andere verlagern, sind wir in großer Erwartung.

Jeder, der in der Erwartung stagniert und auf andere gerichtet lebt und darüber den Umgang mit den eigenen Bedürfnissen vernachlässigt, bleibt zerrissen und wird langfristig frustriert.

Zunächst einmal sind wir alle bedürftig in dem Sinne, dass Menschen Bedürfnisse haben.

Es wird unterschieden zwischen lebensnotwendigen/primären Bedürfnissen und solchen, die zur sozialen Struktur gehören bzw. für unser Wachstum sorgen.

Dauerhafte Überlastung und die damit zusammenhängende Unterversorgung der Bedürfnisse führen zu Erschöpfung und

Krankheit. Die Bedürfnispyramide nach Maslow erhebt sich auf fünf Bereichen: physiologische, Sicherheits-, soziale und individuelle Bedürfnisse sowie solche nach Selbstverwirklichung. Jeder dieser Bereiche gibt erste Anhaltspunkte für eine Unterversorgung.

Je besser wir unsere eigenen Bedürfnisse kennen, uns für sie einsetzen und für uns selbst sorgen und je weniger Bedürfnisse wir nach außen delegieren, desto eher sind wir zufrieden, ausgeglichen und innerlich unabhängig. Und je zufriedener wir sind, desto großzügiger können wir auch mit unseren Mitmenschen sein.

Als soziale Wesen ist es für uns natürlich auch nicht ratsam, sich ausschließlich mit den eigenen Bedürfnissen zu beschäftigen und dabei völlig rücksichtslos zu sein, aber davon sind Frauen ohnehin meistens weit entfernt.

Je defizitärer wir uns fühlen, desto mehr Energie ist blockiert. Wenn bei uns selbst weitestgehend alles in Ordnung und stimmig ist, müssen wir nicht nach den Anderen schauen, negative Gefühle wie Neid, Missgunst, Eifersucht entwickeln und uns mit denen vergleichen, die mehr haben als wir selbst oder denen es in unserer Vorstellung besser geht.

Die Methode
»Der weibliche Erfolgspfad«

Warum Pfad?

Ein Pfad beschreibt einen schmalen Weg. Einmal beschritten, gibt er uns Mut und Zuversicht und bereichert die eigenen Erfahrungen. Mehrfach gegangen, erkennt man einen Trampelpfad – häufig benutzt und ausgetreten, damit sicherer, transparenter und für andere leichter zu gehen.

Es braucht für den weiblichen Erfolgspfad mutige, besonnene, beharrliche Frauen, die als Vor-Gängerinnen einen eigenen Weg beschreiten, von ihren Erfolgen berichten und ein Netzwerk bilden sowie als Mentorinnen für andere Frauen dienen.

Der Begriff ›Pfad‹ wird auch in der IT benutzt. Er bezeichnet dort die »Dateiverwaltung zur Positionsbestimmung mit allen Verzeichnissen, die zum Pfad gehören und in diesen eingebunden werden (...). Analog dazu ist es wichtig, die eigene Position auf dem Pfad zu bestimmen. Die Verzeichnisse stehen analog dazu, was dazu gehört und alles was vermittelnd hilft und unterstützt.«[31]

Von ›Pfad‹ wird desgleichen in der Medizin gesprochen: »(...) als konkreter Ablauf-/Behandlungsplan und im Projekt Management als kritischen Pfad, der davon ausgeht, dass Aktivitäten voneinander abhängig sind und berücksichtigt eine Analyse der Stärken und Schwächen, Chancen, Risiken, Ressourcen, Ansprüche und zeigt einen Start- und Endpunkt.«[32]

Wir werden teilweise mit diesen Analogien und Hilfsmitteln arbeiten und uns einige von ihnen als Erfolgsinstrumente zunutze machen, um konkret, spezifisch, messbar und transparent unseren Pfad zu beschreiten und uns immer wieder vor Augen führen, wo wir gerade stehen, was wir noch brauchen, was wir abwerfen müssen und wo wir etwas übersehen bzw. gegebenenfalls übersprungen haben.

Daraus ergibt sich der Zwang, alles bis zum Ende durchzudenken, übersichtlich darzustellen und es so aus der bisher erlebten intransparenten, zweideutigen und unkonkreten Ecke herauszuholen.

Manche Pfade kann man auch gemeinsam gehen, zum Beispiel Pilgerpfade. Einen Lebenspfad beschreitet man jedoch weitestgehend alleine.

Im Kontext des weiblichen Erfolgspfades weiß nur jede einzelne Frau selbst, was sie erreichen möchte, und trägt alle relevanten Schlüssel und Antworten in und bei sich. Oft ist es der Weg und weniger das Ziel, der für Frauen die eigentliche Herausforderung darstellt. Deshalb gilt es, sich die Risiken, Konsequenzen, Gefahren bewusst zu machen und sich Begleitung und Unterstützung zu suchen.

Ein Pfad, wie er hier beschrieben und benutzt wird, soll aber weder geradlinig und linear noch allzu berechenbar sein. Er soll auch wieder verlassen werden können. Darum müssen sich immer wieder neue Handlungsmöglichkeiten ergeben, daher dürfen Abweichungen, Entweichungen und auch Ausweichen als Optionen in Betracht gezogen werden.

Der Pfad soll Orientierung und Halt geben, aber uns nicht zum immerselben Fortgang verpflichten. Er soll uns ermutigen, neue Wege zu betreten und auch dort Spuren zu hinterlassen. Auf vielen Wegen können Kompetenzen erlebbar werden und sich neue entwickeln. Es fällt uns schwer, Pfade wieder zu verlassen, aber wir können es grundsätzlich tun.

Und wir können theoretisch auch umkehren.

Jedoch werden eine Richtungskorrektur, eine Neuausrichtung, das Wechseln auf Parallelpfade, das Einlegen von Pausen etc. üblicherweise als befriedigender erlebt als eine Umkehr aus

Angstmotiven heraus, aus fehlendem Mut oder aufgrund anderer Widrigkeiten. Aber selbst die Rückkehr bringt uns nicht mehr an den ursprünglichen Startpunkt zurück, denn wir haben etwas auf dem Pfad mitgenommen, es hat sich also etwas verändert nur durch das Beschreiten. Das ist die Magie der Bewegung, der Aktivität, der Intervention.

Wenn wir den Pfad verlassen oder umkehren wollen, geht es darum, zu ergründen, warum wir dies tun wollen, bevor wir unserem Wunsch nachgeben. Was ist eingetroffen, das uns vorher an Risiken, Stolpersteinen, Ängsten bekannt war, was hat sich unbekannterweise unterwegs hinzugesellt?

Ein Pfad soll in unserem Sinne also etwas Offenes, Variables, Weibliches sein, etwas, das sich immer wieder formt und biegt, flexibel bleibt und sich dennoch als krisenfest erweist.

Das Bild des Pfades stellt hier einen Prozess dar, der mit bestimmten Entscheidungen einhergeht. Entscheidungen wiederum produzieren Erfahrungen. Wir entscheiden uns, ob bewusst oder unbewusst, für teilweise kalkulierbare Erfahrungen. Erfahrungen sind es, die uns erkennen lassen, dass wir bereits ähnliche Erfahrungen gut überstanden und gemeistert haben aufgrund persönlicher Ressourcen, auf die Verlass ist. Oder wir werden aufgefordert oder sind neu gefordert, erweiterte Kompetenzen zu entwickeln.

Der weibliche Erfolgspfad ist also ein Erfolgsinstrument, das uns strukturiert dabei hilft, Chancen zu nutzen, Stärken auszubauen, Rahmenbedingungen zu optimieren und nachhaltig und wertschöpfend neue, andere Wege einzuschlagen.

Doch bevor wir einen Pfad beschreiten, also in Aktion treten, sollten wir uns besinnen, achtsam in unsere Mitte kommen, uns auf einen stillen und leisen inneren Rückzug programmieren und uns sammeln und zentrieren.

Ausgangslage

Bei vielen Frauen ist im Laufe ihres Werdeganges oder ihrer Arbeitsbiografie irgendetwas unrund oder zumindest unauthentisch gelaufen. Ursprüngliche Ziele, Wünsche, Sehnsüchte sind aus unterschiedlichen Gründen und Motiven heraus ganz oder in Teilen abhanden gekommen. Ehe es nun auf den weiblichen Erfolgspfad geht, noch eine Vorbemerkung: Meine Methode orientiert sich an der Verhaltensforschung mit ihren fünf Phasen »Sorglosigkeit«, »Bewusstwerdung«, »Vorbereitung«, »Handlung« und »Aufrechterhaltung«. Die erste Phase in diesem Sinne bezeichne ich lieber als »Ausgangslage«, denn wir sollten spätestens jetzt aus der Sorglosigkeit bzw. Unbekümmertheit herausgerissen worden sein und müssen nun ein Problembewusstsein entwickelt haben, ohne das wir nichts Konkretes angehen/verändern und den Weg gar nicht erst einschlagen werden.

Gerne möchte ich auch den Begriff ›Problembewusstsein‹ gegen ›*Bewusstsein für unsere verlorenen Zielstraßen*‹ austauschen, welches beim Lesen vorheriger Kapitel geweckt wurde.

Die Zeit ist also da, aus der Absichtslosigkeit in eine Veränderung überzugehen, denn wir wollen den Ist-Zustand nicht mehr akzeptieren und etwas *anders machen*. Das zumindest ist die Grundvoraussetzung für alle weiteren Phasen des weiblichen Erfolgspfades. Ganz konkret haben wir jetzt die Absicht entwickelt, unser bisheriges Verhalten zu verändern, um einen positiveren und (noch) Erfolg versprechenderen Zustand zu erreichen.

Beim Lesen der Einführungskapitel konnten wir im Prozess auch schon unsere Ausgangslage dahingehend überprüfen, was *Urweiblichkeit* für jede von uns bedeutet, was *weibliche Erfolgskriterien* sind und wie das *Verhältnis von Frauen zu Macht* ist.

Nun können wir daraus ableiten, wie unser eigenes Verständnis dieser Themen und insbesondere von Macht und Einfluss ist.

Hierbei beantworteten wir uns Fragen wie:

```
➜  Ich bin gerne Frau weil …
➜  Erfolg bedeutet für mich …
➜  Meine Weiblichkeit drücke ich aus, indem …
➜  Diese weiblichen Aspekte möchte ich ausleben/
   zum Ausdruck bringen:
➜  Das ist für mich Weiblichkeit:

...............................................................................
...............................................................................
```

Nun reflektieren wir unsere bisher eingeschlagenen Wege. Dazu gehört der **berufliche Werdegang**/die Arbeitsbiografie, aber zumindest in Teilen auch der **privat gegangene Weg**.

Bei beiden fragen wir uns auf einer Zeitachse vom Geburtsjahr bis heute nach den wichtigsten Entwicklungsstufen, den wichtigsten Menschen und den wichtigsten Erlebnissen/Erfahrungen und Erkenntnissen. Am besten nehmen Sie sich dazu zwei separate Blatt Papier, legen die Zeitachsen an, tragen die Stationen ein und betrachten das Ergebnis. Füllen Sie erst die Achse des privaten Weges aus und dann die der beruflichen Entwicklung:

```
I-----------------------------------------------I
Geburt                                      Heute
```

Seien Sie bei dieser Arbeit sorgfältig, um nichts zu übersehen. Die Ereignisse können auch kreativ dargestellt werden. Arbeiten Sie mit Farben, Formen, Bildern o. ä. und lassen Sie sich Zeit.

Erst am Ende legen wir beide Ergebnisse nebeneinander und vergleichen die Daten, die Ereignisse und die relevanten Menschen und fragen uns:

155

> ➜ Welche Stufen waren besonders relevant?
> ➜ Was fällt mir bei beiden Zeitachsen auf?
> ➜ Gibt es logische Parallelen zwischen privaten und beruflichen Ereignissen?
> ➜ Wie haben sich diese gegenseitig bedingt?

Zielführend kann auch folgende Fragestellung und Übung sein. Fragen Sie sich bitte:

> ➜ Wenn Sie einen Zwillingsbruder gehabt hätten, was hätte dieser vielleicht anders gemacht und warum?
> ➜ Wie würde er heute dastehen? Fragen Sie sich, was *er* nicht erlebt hätte (z.B. durch Vermeidung angeblicher Fehler, durch Wegfall von traumatischen Erlebnissen o.ä.), weil *Sie* es stattdessen erlebt haben (als seine Zwillingsschwester).
> ➜ Fragen Sie sich, ob Sie im Rückblick etwas anders machen würden. Was würden Sie gegebenenfalls (gerne) korrigieren und aus welchem weisen, also gewonnenen, Verständnis heraus?
> ➜ Und welchen Ratschlag würden Sie von Ihrem imaginären Zwillingsbruder (gerne) bekommen?

Es geht bei dieser Übung darum, Vorteile und speziell entwickelte, einzigartige Kompetenzen und/oder individuelle Erfahrungen abzuleiten. Im weiteren Verlauf können Sie deren Mehrwert erkennen und sie als besondere Qualität schätzen und akzeptieren lernen.

Mit Sicherheit gibt es Erkenntnisse, die Sie gut in Ihre weitere Entwicklung einfließen lassen können.

Bei der beruflichen Entwicklung fragen Sie sich bitte weiterhin, was Sie zum Beruf / zum Studium / zur ersten Position veranlasst hat:

> → Was waren meine ursprünglichen Ziele und wie haben sie sich im Laufe des Berufslebens verändert?
> → Wovon habe ich geträumt? Was wollte ich einmal erreichen?
> → Was war mir zuvor wichtig und was davon ist es noch heute?
> → Wonach habe ich berufliche Entscheidungen bisher getroffen? Habe ich diese Entscheidungen immer alleine getroffen?
> → Fallen mir wiederkehrende Muster auf?
> → Wie empfinde ich meinen bisherigen Weg?
> → Welche Gefühle und Bilder kommen dabei hoch?
> → Welche Sehnsüchte und Träume blieben bisher ungelebt?
> → Welche Zielstraßen habe ich aus den Augen verloren und warum?

Es geht darum, die persönliche Einstellung und unsere Bewertung zu unserem eigenen Berufsweg herauszufinden. Erst diese lassen Rückschlüsse darüber zu, wie wir über uns selbst, unsere Entscheidungen, unsere Wege, unser Leben denken und was wir davon in der Zukunft ableiten können.

Wir haben dabei also immer eine Transferleistung zwischen vergangenen Wegen und neuer Zielstraßen im Blick und im Sinn.

Hieran knüpft sich auch die Frage, die wir uns später intensiver und gezielter stellen, nämlich in welche (Aus-)Richtung wir unseren zukünftigen Weg gestalten möchten und was wir in Zukunft besser sein lassen. Denn: Bei allen Lernerfahrungen, die uns letztlich immer reifen lassen und uns in unserer Entwicklung unterstützen, müssen wir auch Erfahrungen bewusst hinter uns lassen, damit sich diese nicht wiederholen.

Wir entscheiden uns unbewusst immer für Erfahrungen. Insofern hat jede Erfahrung auch ihre Berechtigung. Aber jetzt wollen wir uns bewusst und voller Verantwortung und Fürsorge gegenüber uns selbst für eine **Zielstraße** entscheiden, die die Weichen stellt. So, wie wir es uns heute mit der Übernahme von mehr und bewussterer Verantwortung für uns wünschen.

Als nächstes blicken wir rückwirkend auf unsere **Erfolge und Misserfolge** und warum wir diese so bewerten und einschätzen.

1.Erfolge

In größter Ehrlichkeit schauen wir uns das an, was in unseren Augen gut gelaufen ist und warum.

!!! Akzeptieren Sie nicht einfach, dass es »eben gut« war, sondern finden Sie heraus, was genau den Ausschlag dazu gegeben hat. Erkennen Sie Muster und Konzepte.

Fragen Sie sich bitte:

> ➜ Was war da oder was habe ich erreicht, obwohl nicht alles da war?
> ➜ Wie würde ich mich selbst beschreiben, bevor und nachdem der Erfolg sich eingestellt hat?
> ➜ Trauere ich diesen alten Erfolgen nach?
> ➜ Sind es ähnliche Erfolge, die ich heute gerne wieder erzielen würde oder was an Zielen hat sich gegebenenfalls geändert?
> ➜ Woran mache ich Erfolg eigentlich fest?

Im Kontext der Erfolgskriterien fragen Sie sich:

> ➜ Welche Kriterien brauche ich für Erfolg und was macht meinen Erfolg aus? Wie sehen meine Erfolgskriterien aus?

> → Was muss gegeben sein, damit ich zufrieden bin?
> → Bin ich erfolgsverwöhnt?
> → Woran erkenne ich, dass ich mich auf Erfolgskurs befinde?
> → Wie lassen sich meine Ziele in messbare Resultate herunterbrechen?
> → Wie habe ich bisher (meinen) Erfolg gemessen?

2.Misserfolge

Und dann widmen Sie sich den von Ihnen so bewerteten »Misserfolgen«. Reflektieren Sie darüber, wie diese entstanden sind und was in Verbindung gebracht wurde mit ihnen.

Fragen Sie sich:

> → Worauf führe ich meine so genannten Misserfolge zurück, was ist mein eigenes Erklärungsmodell?
> → Was waren die Ausgangssituation und das Ergebnis?
> → Was waren die Wegweiser und die Stolpersteine?
> → Was erlaube ich mir nicht? Wo stand ich mir selbst im Weg?
> → Wie ist mein Umgang mit Frustration und Niederlagen?
> → Gebe ich zu schnell auf?
> → Habe ich auf jemanden gehört oder etwas in mir selbst überhört?
> → Gab es Anzeichen des Scheiterns im Vorfeld?
> → Was hätte ich heute anders gemacht?

Schreiben Sie nun Ihre wichtigsten drei Misserfolge und dann Ihre wichtigsten drei beruflichen Erfolge auf mit den dazugehörigen Begründungen (gem. Ihrer eigenen Bewertung) und Kompetenzen, die Ihnen dazu verholfen haben bzw. die Sie verantwortlich machen für das Gelingen oder Scheitern:

Meine drei größten beruflichen Misserfolge / Erfolge	Woran bin ich gescheitert? Was hat mir gefehlt? / Wie habe ich meine Erfolge gemeistert? Was habe ich dafür gebraucht?	Leiten Sie Ihre Misserfolgs-/ Erfolgskriterien und -aspekte ab (kurz und präzise)

Blockaden / Widerstände

Weiterhin überlegen wir, wann wir uns wie und wo im Wege standen, wo wir wann und warum auf wen oder was Rücksicht genommen haben und was uns abgehalten hat von einem anderen Weg.

›Blockade‹ ist eine Bezeichnung für Sperre, Hemmung, Unterbrechung. Psychologisch versteht man darunter die Unfähigkeit einer Person, ihr spezifisches Potenzial zu einem bestimmten Zeitpunkt annähernd optimal abrufen zu können, und unterscheidet zwischen einer Blockade des gesamten Potenzials, Entwicklungsblockaden, Lernblockaden oder Blockaden in Stresssituationen.

Es gibt emotionale und mentale (Gedanken-)Blockaden.

Blockaden können sich auch physisch auswirken und zu einer Sperrung bzw. dem Ausfall von bisher funktionierenden körperlichen Funktionen führen.

In jedem Fall hindern uns Blockaden daran, mit unserer ganzen Aufmerksamkeit im Hier und Jetzt zu sein und das Leben zu meistern. Sie (be-)hindern unseren Weg und sollten daher mit besonderer Sorgfalt und Aufmerksamkeit beachtet und transformiert werden.

In diesem Zusammenhang können Sie sich fragen:

➔ Wo fühle ich mich wie gelähmt und wo geht nichts vorwärts?

➔ Wo stehe ich mir selbst im Weg?

➔ Welche Blockaden hatte/habe ich zu meistern?

➔ Wenn ich eine Blockade habe oder hatte:
   – Wann und wie hat diese genau angefangen?
   – Was hat mich zu diesem Zeitpunkt gehemmt?
   – Wie ist meine Einstellung zu dieser Blockade? Bewerte ich sie als vorübergehenden Zustand oder habe ich den Eindruck, die Blockade gehöre zu mir als Teil meiner Persönlichkeit und ich könne sie nicht ablegen?

➔ Wann waren Blockaden ein Selbstschutz und damit hilfreich und wenn ja, für was?

➔ Was trage ich bis heute davon in mir herum?

➔ Wie konnte ich bisherige Blockaden lösen? Wer oder was konnte mich dabei unterstützen?

Hilfreich ist es, vertraute Menschen zu fragen, welche Blockaden sie gegebenenfalls als Beobachtende ausmachen konnten, woran sie die Blockade und den Umgang damit festmachen, wie sie uns dann konkret erleben bzw. erlebt haben.

Wir sehen uns weiterhin die **Widerstände** an, die sich in uns regen oder die wir aktuell spüren.

Mit ›Widerstand‹ kann eine innere Verweigerung bzw. eine Ablehnung oder Abwehrhaltung gemeint sein. Ich misstraue jemandem oder etwas und lehne mich deshalb dagegen auf.

Widerstand kann aber auch eine Schutzmaßnahme sein. Es

sind in diesem Falle Ängste da, die mich warnen und zum Beispiel dabei blockieren, in die Veränderung zu gehen.

Widerstand hat zudem noch eine andere Bedeutung in dem Sinne, dass ich zum Beispiel widerstehe, einer bestimmten Laune nachzugeben. Ich ›widerstehe‹ also jeglicher Ablenkung und Ausrede (die eine Flucht sein könnten), gehe weiter zielgerichtet meinen Weg und bleibe ›dran‹.

Widerstände können also helfen, weil sie uns schützen; sie können uns aber auch im Wege stehen, weil sie uns vom Weitergehen abhalten und wir dann nicht herausfinden, was auf uns gewartet hat an Erlebnis/Situation/Veränderung.

Auch Resilienz spielt dabei eine Rolle, also unsere individuelle Widerstandsfähigkeit und wie ich auf die Widrigkeiten des Lebens eingehe und reagiere. Wir fragen uns:

➔ Wenn ich im Widerstand bin, wie bin ich dahin geraten?

➔ Gegen wen oder was lehne ich mich auf?

➔ Was sind meine Ängste und Zweifel?

➔ Wo bin ich im Widerstand gegen mich selbst? Handelt es sich um eine Art Selbstboykott aus Angst heraus?

➔ Was ist meine Annahme über den Widerstand?

➔ Welchen inneren Widerständen bin ich auf meinem Weg bisher begegnet?

➔ Widerstehe ich bei meinen Vorhaben den Ablenkungen?

➔ Bekomme ich Widerstand von meiner Umwelt (Partner, Freunde, Eltern), die verhindern wollen, dass ich mich verändere?

➔ Wie belastbar bin ich?

Bewusstwerdung

Aus der Ausgangslage heraus gehen wir über in die nächste Phase – die der **Bewusstwerdung**.

Über die Themen ›Weiblichkeit‹, ›Erfolgskriterien‹, ›Macht‹ und ›Erfolg‹ gilt es nun vom Allgemeinen weg noch tiefer zu sich selbst zu kommen und darüber zu reflektieren, was diese Themen bei uns auslösen und wie unsere Einstellung zu ihnen ist.

Wir holen damit das, was ohnehin schon da ist, heraus an die Oberfläche, ins Bewusstsein.

Dabei ziehen wir uns, wie vorher beschrieben und empfohlen, in die Stille zurück, besinnen uns auf uns selbst und führen *Interne Interviews* mit uns durch, um uns selbst »auf die Schliche zu kommen« und um herauszufinden, wer wir wirklich sind.

Unsere Einstellung und Haltung

In der **Einstellung** eines Menschen stecken unbewusste und bewusste Bewertungen. Seine **Haltung** ist Gesinnung bzw. die auf ein Ziel gerichtete Grundhaltung. Wenn man die Einstellung einer Person zu einem bestimmten Thema kennt, kann man Rückschlüsse auf ihr Verhalten schließen.

Unsere innere Einstellung und Haltung beeinflussen maßgeblich unser Verhalten. Sie filtrieren unsere Wahrnehmung (und damit unsere erlebte und gefühlte Wahrheit) und den Umgang mit Informationen.

Ganz am Anfang steht also die Einstellung, oft unbewusst, als Basis für unsere innere und äußere Haltung und als Grundlage für unser Handeln.

Unsere Einstellung wird vor allem durch unsere Sozialisierung und Lernerfahrungen stark geprägt, muss aber nicht statisch/stabil, also unveränderbar, bleiben.

Einstellungen und Haltungen können sowohl bereits im Leben verankert und damit weitestgehend im Charakter eingeschrieben, als auch temporär sein.

Neben der durch Erfahrungen erhaltenen Prägung gilt es auch für unsere Einstellung und Haltung Verantwortung zu übernehmen. Das heißt, wir stellen uns unseren Einstellungen und Haltungen und akzeptieren sie als Ausdruck unserer inneren Abläufe. Und wir gehen bewusst heraus aus dem Opfergedanken, wenn uns etwas zustößt, das auf unsere Einstellung und Haltung, unsere Sabotagemuster oder negativen Gedanken zurückzuführen ist.

In unseren Einstellungen finden sich weitere Aspekte wieder, die uns tagtäglich beeinflussen, zum Beispiel typische Anklagen, Vorwürfe, Bewertungen, Befürchtungen, Ängste, Begrenzungen und unser Gedankenkarussell.

Unsere Einstellungen und Haltungen bilden unser Fundament. Wir erforschen also zunächst, wie unsere Einstellung und Haltung zu Macht und Erfolg ist. Wie unsere Einstellung und Haltung zu uns selbst ist. Und wie unsere Einstellung und Haltung zu unserer Weiblichkeit ist.

Gehen Sie dazu auch Situationen durch, in denen Ihre Haltung gegebenenfalls blockierend und negativ war. Holen Sie sich zu diesem Thema Feedbacks von anderen Frauen.

➜ Es gibt Auslöser, die unsere Gefühle »antriggern«. Aber niemand im Außen »macht« uns Gefühle, sondern Gefühle kommen aus uns heraus.

➜ Wie ist mein Gefühl zu mir, meinen Erfolgen, meinem bisherigen Werdegang?

Frauen sind sehr oft stark ideell geprägt und müssen hinter ihren Plänen stehen können. Sie wollen sich inhaltlich identifizieren mit ihren Erfolgen und Zielen. Es geht ihnen dabei weniger um den Erfolg an sich.

> → Welche ideellen Werte verfolge ich?
> → Welche Funktion übernimmt der berufliche Weg in meinem Leben?
> → Welchen Stellenwert hat für mich Erfolg?

Ich nenne das die »*nackten Wahrheiten*« – bestehend aus Einstellungen, Haltungen, Gefühlen, Bedürfnissen –, weil wir vor allem in unserer Nacktheit echt und authentisch sind. Und weil mit Nacktheit auch eine Scham einhergeht. Wir möchten uns in der Nacktheit nicht allen zeigen und offenbaren. Wir hüten unsere Nacktheit wie ein Geheimnis.

Es geht beim weiblichen Erfolgspfad aber auch darum, sichtbar zu werden als Frau und aus der Verdeckung herauszukommen. Dazu gehört eine potenzielle Verwundbarkeit und das Risiko, verletzt zu werden.

Die Chance liegt darin, dass wir uns selbst besser kennen lernen, uns besser wahrnehmen, uns näher sein können, um dann hinter unsere echten, realen Wünsche zu kommen. Für sie und nur für sie lohnt es sich, einzustehen und sich preiszugeben.

Zu den nackten Wahrheiten gehört auch, genau hinzusehen. Zu erkennen, dass wir nicht unfehlbar und perfekt sind. Und uns einzugestehen, dass wir nicht unverwundbar sind, nur wenn oder weil wir uns verstecken.

Nur aus einer echten, puren Kraft heraus finden wir uns und werden unsere Potenziale ausschöpfen können.

Diese Haltung zeigt sich auch körperlich.

Souveränität, Durchsetzungskraft und Ausstrahlung lernt man letztlich nicht in Kursen. Diese Aspekte kommen ganz von alleine aus uns heraus, wenn wir **überzeugt** sind und sich etwas in uns **durchgesetzt** hat, das strahlen möchte. Etwas, das wir aus dem Inneren **ausstrahlen** in die Welt. Dann erst ist die Zeit reif, um hinauszugehen und voller Kraft die eigenen und die übergeordneten Ziele zu verfolgen. Erst dann können wir aus unserer ›Nacktheit‹ heraus die passenden Kleider wählen, um uns der Welt zu präsentieren in der Form, mit den Mitteln, die zeitgemäß und angemessen sind, um uns durchzusetzen.

Dieses Sichdurchsetzen ist gemeint als ein natürlicher und von innen heraus entstehender unverfälschter Vorgang innerer Stärke aus dem Bedürfnis heraus, zu sich und seinen Werten und Überzeugungen zu stehen. Zum Vergleich denke ich an ein Orchester, in dem die einzelnen Instrumente sich ebenfalls durchsetzen müssen, um Entstehungsteil eines Ganzen, einer übergeordneten Harmonie, zu werden. Insofern hat diese Art der Durchsetzung nichts gemeinsam mit den Inhalten, die in Kursen vermittelt werden, in denen Frauen sich das Positionieren, Durchsetzen, Selbstmarketing etc. analog zum männlichen Kampf um Macht aneignen sollen.

Wenn wir unsere Einstellungen und Haltungen kennengelernt und überprüft haben, wenn wir unsere dazu gehörigen Gefühle und Bedürfnisse anerkennen und all diese Aspekte integrieren auf der Suche nach unserem Pfad, erst dann entscheiden wir uns bewusst für eine veränderte, positivere und konstruktivere Durchsetzungsform. Diese wiederum bestimmt unsere neue Haltung in Form von Körperhaltung, Mimik, Auftritt etc. und wirkt durch unseren Charme, unser Charisma, unsere anmutige und würdevolle und gleichzeitig sichere Ausstrahlung.

Andere spüren unsere innere Haltung, zum Beispiel, wenn uns etwas unangenehm ist oder wir uns rechtfertigen. Deshalb geht es darum, sich der eigenen inneren Haltung bewusst zu werden.

Wir können uns fragen:

> ➜ Aus welcher Haltung heraus komme ich und woran
>   mache ich das fest?
> ➜ Was hat zu dieser Haltung geführt? Welche
>   Vorerfahrungen waren beteiligt?
> ➜ In welcher Form hindert mich meine Haltung
>   daran, etwas Bestimmtes zu erreichen?
> ➜ Inwiefern möchte ich meine Haltung nachhaltig
>   verändern?
> ➜ Welche Haltung und Einstellung brauche ich für
>   meinen persönlichen Weiblichen Erfolgspfad?
> ➜ Mit was trete ich auf? Auf was stehe/laufe ich?
>   Für was stehe ich?
> ➜ Was möchte ich wie durchsetzen für mich selbst
>   und aus mir selbst heraus?

Auch körperliche Übungen (z.B. aus Qigong / Selbstsicherheitstraining etc.) können uns helfen, unsere Haltung herauszufinden und zu verändern. Durch gezielte Techniken können wir an unserer äußeren Haltung arbeiten und nehmen damit Einfluss auf unsere innere Haltung und umgekehrt.

Gestalterische Ansätze arbeiten damit, dass man sich zum Beispiel selbst als Statue oder Baum (oder Vergleichbares) darstellt, indem man in sich hinein fühlt und dann dem Gefühl – also der inneren Haltung zu einem bestimmten Thema, zum Beispiel dem eigenen Erfolg – einen Ausdruck verleiht, diesen in späteren Schritten positiv verändert und auch diese Veränderung körperlich ausdrückt.

Man kann hier auch mit Übungen zum *Lebensskript*[33] herangehen. Die Ausgangsfrage würde dabei lauten:

> ➜ Unter welcher Überschrift verlief mein bisheriges
>   Leben von meiner Haltung und Einstellung her?

Schreiben Sie dazu ein Skript mit Überschrift und einer kleinen Umschreibung Ihres Zustands.

Oder man entwirft ein kleines Theaterstück mit den Anteilen, die die eigene Einstellung und Haltung bisher geprägt haben. Sie alle stehen für etwas und alle Anteile haben eine Stimme:

➜ Was sagt diese Stimme?

➜ Wo steht dieser Anteil?

➜ Gibt es Verbündete?

Ein anderer Ansatz wäre, pantomimisch in verschiedene Körperhaltungen zu gehen, um zu erfahren, was die jeweilige Haltung mit uns macht und wie diese sich auf unser Gefühl und Denken auswirkt. Mit gebückter Haltung zu sagen, dass ich mich wunderbar und stark fühle, ist beispielsweise unstimmig. Mit selbstbewusster und stolzer Haltung zu sagen, ich sei traurig und geknickt, fühlt sich ebenso künstlich und unauthentisch an.

So ist es möglich, sich in eine neue Haltung hineinzufinden, sich also langsam an eine Veränderung zu gewöhnen.

Man kann zum einen mit seiner *äußeren* Haltung arbeiten, in dem man aktiv körperlich ins Erleben und Fühlen kommt.

Stehen Sie zum Beispiel aufrecht da und stellen Sie sich dann vor, ein Band würde mit Ihrem Kopf verbunden sein und Sie zum aufrechten Stehen zwingen. Entspannen Sie sich immer mehr und nehmen Sie wahr, wie zusammengesackt Ihr Körper gegebenenfalls ist und an welchen Stellen und wie er sich langsam aufrichtet.

Dabei kann man üben, verschiedene Haltungen einzunehmen und dazu verschiedene passende Sätze finden. Zum Beispiel, indem man sich gerade aufrichtet, die Schultern nach hinten drückt, den Kopf und das Kinn leicht anhebt und dabei laut sagt: »Ich bin stark und unnachgiebig.«

Oder man kann an seiner *inneren* Haltung und Einstellung ansetzen. Das gelingt zum Beispiel, indem man seine Gedanken besser kennen und kontrollieren lernt. Dazu dienen Übungen zum ›Gedanken-Stopp‹[34] oder andere Methoden.

Oft verbinden wir mit bestimmten Personen und/oder Situationen ein gewisses Gefühl und bestimmte Gedanken. Überprüfen Sie einmal, wie Ihre Haltung vor einer Konfliktsituation ist. Fragen Sie sich:

> ➔ Welche Vorerfahrungen führen mich zu diesen Gedanken, dieser Einstellung?
>
> ➔ Durch welches positive Erlebnis könnten diese ausgetauscht werden?

Vorbereitung

Die Phase der *Vorbereitung* ist eine der schönsten und verspieltesten Phasen des weiblichen Erfolgspfades.

Hier liegt eine Menge kreativer und interessanter Arbeit vor uns, wir können uns austoben und aus den unendlichen Möglichkeiten schöpfen, die vor uns liegen und die wir durch unsere Vorstellungskraft in unser Geschehen einladen.

Besonders die Vorfreude auf das, was sich zeigen darf, kann und soll, macht diese Phase unvergesslich. Deshalb ist eine kreative Umsetzung durch Spielen und Ausprobieren sinnvoll. Das geht auf verschiedene *Arten*.

All das, was wir bewusst tun und zum Beispiel mit Riten untermauern, kann sich leichter umsetzen. Wir können dabei unseren individuellen kreativen Ausdruck finden und uns diesen zunutze machen. Bilder und Visualisierungen helfen uns, verschiedene Aspekte, etwa die Gefühle, mit einzubringen, so dass diese abrufbar sind und wir uns nicht verlieren im Dickicht des Alltags. Eine sogenannte »Visionstafel« bzw. ein »Visionsboard«[35] kann uns dabei unterstützen, an das, was uns in der Zukunft wirklich wichtig ist, zu denken und dies durch Bilder zu unterstreichen.

Auch Phantasiereisen und Meditationen können uns dabei unterstützen, Bilder zu kreieren, anzusehen und die Weite unserer Möglichkeiten zu begreifen.

Die von mir dazu ausgearbeitete und nachfolgend kurz vorgestellte Vorbereitung **»Die sechs Ds«** kann dabei Orientierung und Struktur geben.

Weibliche Erfolgsscouts

Zur Vorbereitung auf die sechs Ds möchte ich noch das **Modell der weiblichen Erfolgsscouts** vorstellen.

Ähnlich einem Projekt, das man leiten und für das man Sponsoren, Teilnehmer und Mitarbeiter finden muss sowie *Stakeholder*[36] und Sponsoren mit einbezieht, können wir vorab die folgenden Überlegungen anstellen:

> → Welche weiblichen Personen in meinem Umfeld waren mir bisher eine große, zuverlässige Hilfe bzw. Unterstützung und in welcher Form?
>
> → Was macht diese Personen aus und was schätze ich an ihnen?
>
> → Gibt es weitere weibliche Personen in meinem näheren und erweiterten Umfeld, auf die ich gerne zukünftig zugreifen würde und in welcher Form?
>
> → Welche Frauen in meiner Umgebung halte ich für ein Vorbild im Sinne eines weiblichen Erfolgsmodells und für entsprechend kompetent, mich auf meinem Weg begleiten zu können?

Denjenigen Frauen (Freundinnen, Kolleginnen, Chefinnen o.ä.), die uns wohlgesonnen sind, uns bisher schon unterstützt und begleitet haben bzw. die Bereitschaft dazu gezeigt haben, sollten wir gedanklich verschiedene Gebiete, Aufgaben oder Teilaspekte zuordnen, die auf dem weiblichen Erfolgspfad wichtig und relevant sind und die letztlich den Unterschied zu einem eher einsamen Weg ausmachen:

- Trost, Wärme, Herzlichkeit
- Aufmerksamkeit, Achtsamkeit, Interesse
- Zuspruch, Mutmachen
- Gespräch / Mitteilungen / Austausch / gemeinsames Reflektieren

- Ablenkung, Freizeitgestaltung, schöne Dinge teilen und unternehmen
- Berufliche Fragen, Kompetenzerweiterung, Vorbild
- Ratschläge / Impulse durch Sparring-Partnerinnen / Mentorinnen für bestimmte Themen
- Pragmatische *hands-on* Unterstützung wie Kinderbetreuung, Botengänge, Vertretungen, etc.

Nachdem die sogenannten **weiblichen Erfolgsscouts** zunächst gedanklich zugeordnet wurden, werden sie gezielt angesprochen und gefragt, ob sie diese Rolle ausüben möchten.

Einem Teil von ihnen kommt die Aufgabe zu, da zu sein, wenn man sie braucht und sich aktiv bei ihnen meldet. Andere sollen uns näher und enger begleiten und möglichst auch erkennen, wenn wir uns gerade verrennen.

Am einfachsten gelingt das, indem wir vorab über unsere Ziele und Pläne im Detail sprechen und **Erfolgssteine** mit möglichst genauen Kriterien und Parametern setzen.

Mit den Weiblichen Erfolgsscouts, die als Mentorinnen fungieren, sollten wir über den Prozess und das damit verfolgte Ziel sprechen und den Rahmen abstecken. Dazu gehört es auch, regelmäßige Treffen zu vereinbaren, wobei eine kontinuierliche Begleitung sowohl laufend als auch punktuell oder nur themenbezogen sein kann für bestimmte sich ergebende Fragestellungen.

Ein offizielles und professionelles **Mentoring** sollte ein Prozess mit einer längerfristigen Beziehung sein. Es kann im Einzelfall aber auch als einmaliges Gespräch zu einem bestimmten Thema stattfinden, also punktuell / situativ sein.

Dabei ist Mentoring eine Partnerschaft im Bereich des Lernens und der Entwicklung, in der die Mentorin als Ansprechpartnerin vertrauenswürdige und vertrauensvolle Beratung bietet, Sicherheit vor allem in kritischen Situationen vermittelt und ihre zu betreuende und zu begleitende Mentee stärkt.

Mentoring kann aber auch eine Anlaufstelle für klares, neutrales Feedback sein, uns neue Einsichten und Sichtweisen eröffnen sowie Standortorientierung geben oder eine (neue) Richtung einleiten.

Mentorinnen aus der Unternehmenswelt können darin unerfahreneren Frauen auch die Erfolgsfaktoren im Unternehmenskontext näherbringen. Auch können uns diese in (ihre eigenen bzw. in relevante) Netzwerke und Kreise einführen und Kontakte vermitteln.

Es geht im Mentorinnenprozess vor allem um Lernen von der Erfahrung einer senioreren Frau, die unser Potenzial erkennt, fordert und fördert. Auf diesem Weg können wir Ermutigung, Motivation und Unterstützung erfahren und unsere eigenen Fähigkeiten besser kennen lernen, Kenntnisse ausbauen und unsere Persönlichkeitsentwicklung vorantreiben.

Ein Mentoring kann auch eine unterstützende Vorbereitung auf höhere Positionen sein und in den verschiedenen Phasen einer Umorientierung und Veränderung helfen.

Der Vorteil für die Mentorin ist, dass ein Mentoring auch einen positiven Effekt auf ihre eigene Arbeit hat. Die Mentorin generiert neue Sichtweisen und Impulse, reflektiert ihren eigenen Werdegang und entwickelt sich durch die Rolle weiter. Die eigenen sozialen Kompetenzen können verstärkt werden – hierzu zählen z.B. das Erteilen von Feedback, die Gesprächsführung (Zuhörfähigkeit, Fragetechniken etc.) und die Weitergabe von Wissen und Vermittlung von Inhalten.

Voraussetzungen für das Mentorinnen-Modell sind:

✓ Die »Chemie« muss stimmen und die Zusammenarbeit von beiden gewollt werden.

✓ Vertrauen, gegenseitiger Respekt und Wohlwollen sowie Zutrauen sind Voraussetzung für den Erfolg.

✓ Gespräche sollten in einem »geschützten Rahmen« stattfinden, in dem neben dem Lernen vor allem das Eingestehen von Schwächen und Fehlern möglich sind.

✓ Der weibliche *Mentee* darf in keiner hierarchischen Abhängigkeit zur Mentorin stehen.

✓ Das Mentoring sollte ca. ein Jahr dauern, um
langfristige und nachhaltige Erfolge zu erzielen.

✓ Es sollte gemeinsam eine verbindliche Regelung
zwischen Mentorin und der weiblichen Mentee bzgl.
Dauer, Häufigkeit, Art des Mentoring, Inhalten
und Rollendefinition erarbeitet werden.

✓ Empfohlen wird ein regelmäßiger Austausch per
Email und Telefon sowie persönliche Treffen im
Abstand von max. zwei Monaten.

Die sechs Ds

Erstes D: DAS brauche ich

An dieser Stelle überprüfen wir, was wir konkret brauchen, um
uns auf den Pfad zu begeben. Müssen wir noch etwas überdenken, erledigen, priorisieren, bevor unser Fokus auf den Erfolg
ausgerichtet ist? Diese Schlagworte helfen Ihnen, sich die Fragen
besser beantworten zu können:

Rahmenbedingungen
Es gibt natürlich auch Fakten, die erst einmal wie ein starres
Gerüst erscheinen, weil wir sie im Moment akzeptieren müssen
und nicht ändern können. Dazu gehören: Geschlecht, Alter, Größe, die familiäre Situation (Kinder, Pflegebedürftige, Tiere,
Pflichten), die finanzielle Situation (Schulden, Verpflichtungen,
regelmäßige Zahlungen, Altersversorgung), Ehrenämter und Ver-
eine, Hobbies und Interessen, Wohnsituation, Einschränkungen
(z.B. Teilzeit, Behinderung, vorübergehende körperliche Gebre-
chen) oder andere situative Umstände.

Auch diesen Themen müssen wir uns stellen und sollten über sie nachdenken und aktiv sprechen, ehe wir uns auf einen Pfad begeben, der ohne Berücksichtigung solcher Faktoren eventuell gar nicht gangbar ist.

Es wäre andererseits falsch, sie nur als Einengungen zu sehen: Meistens steckt in jeder Rahmenbedingung noch ein zu verbessernder Aspekt, den wir uns nicht vorstellen können, wenn wir uns erst einmal in die Rolle des Opfers unserer Umstände gefügt haben.

Möglicherweise sind wir auch im Widerstand gegen uns selbst und schieben dann »äußere Umstände« vor, gehen ergo nicht in die Übernahme der vollen Verantwortung uns selbst gegenüber.

Es lohnt sich in jedem Fall, gemeinsam mit einer neutralen Person genau an diesen kleinen und manchmal auch größeren Stellschrauben zu drehen und (fast) alles für möglich zu halten.

Das ist auch für die kreative Arbeit wichtig. Wenn wir zum Beispiel eine Vision davon entwickeln, wie das, was wir uns von Herzen wünschen, sein könnte, sind wir bereits auf den Erfolgskurs eingerichtet und sehen die Möglichkeiten, die sich daraus ergeben und was wir dazu brauchen.

Würde sich zum Beispiel ein Maler zu viel mit der Frage aufhalten, welche Materialien er zur Verfügung hat, könnte er nicht völlig frei sein und visualisieren. Wenn er jedoch etwas Großes erschaffen möchte und eine Vision davon besitzt, wird er sich für die Beschaffung der geeigneten Materialien einsetzen.

Nutzen Sie also die einmalige Chance dazu, nicht alles als gegeben hinzunehmen und nicht von vornherein Grenzen oder Begrenzungen zu sehen.

Denken Sie groß, weit, wild und frei!

➜ Welche Rahmenbedingungen brauche ich, um groß, weit, wild und frei zu denken und meine Vision umzusetzen?

➔ Wie kann ich diese für mich herstellen und positiv nutzen?

➔ Welche Rahmenbedingungen müssen (nach allem Durchspielen) in jedem Fall berücksichtigt werden?

➔ Welche Rahmenbedingungen kann ich nicht ändern und akzeptiere sie als solche?

➔ Welche Rahmenbedingungen möchte ich wie ändern? Was brauche ich dafür?

Machen Sie sich konkrete Pläne, die Sie abarbeiten und zeitlich messbar machen als »**Erfolgssteine**« auf Ihrem Weg.

Bedürfnisse

Die eigenen Bedürfnisse wahrnehmen, spüren zu können und sie gut zu kennen hilft uns dabei, ein erfüllteres Leben zu führen. Es ist der Weg heraus aus Mangel, Defizit und Bedürftigkeit.

Bedürfnisse zeigen uns, dass wir lebendig sind und was wir gerade brauchen zu unserem Wohlergehen.

Bedauerlicherweise assoziieren wir mit Bedürfnissen viel zu oft, dass es darum geht zu lernen, sie zu äußern, damit sie von jemand anderem erfüllt werden. Oft haben wir schon eine bestimmte Person dafür vorgesehen.

Dabei sehen wir nicht, dass es vielleicht längst eine andere Person gibt, die uns und unsere Bedürfnisse sehr gut sieht und die uns etwas von dem abgibt, was wir brauchen.

Als soziale Wesen sind wir natürlich in Teilen abhängig von unseren Mitmenschen und benötigen in bestimmter Weise Hilfe und Unterstützung. Wir dürfen um Hilfe und Unterstützung bitten und müssen nicht alles alleine bewältigen.

Hierbei gibt es aber gewisse Risiken. Zum einen kann es zu der Gefahr kommen, dass wir unsere Bedürfnisse mit Wünschen und Erwartungen verwechseln. Zum anderen gehen auch Bedürfnisbekundungen noch lange nicht einher damit, dass andere

Menschen für deren Erfüllung und für unsere Bedürftigkeit zuständig wären.

Der Grat unserer Wanderung entlang narzisstischer Wünsche ist schmal und wir müssen uns frei davon machen, Menschen zu etwas (zum Beispiel Anerkennung, Bewunderung, Liebe) zu bewegen, was wir uns selbst nicht hinreichend geben können oder wollen, weil wir uns nicht wirklich als Person bejahen.

Die Tore zu Manipulation und Missbrauch und zum Instrumentalisieren anderer sind hierbei potenziell offen. Wir sollten daher sehr bewusst mit unseren Bedürfnissen umgehen und vor allem auch damit, ob und wie wir sie äußern.

›Bedürftigkeit‹ ist ein Begriff aus der Rechtsprechung, um den Zustand einer Person zu beschreiben, die nicht in der Lage ist, für sich selbst zu sorgen. Ab dem 18. Lebensjahr sind wir in Deutschland mündig und handlungsfähig im Sinne des Gesetzes. Wir können also theoretisch für uns einstehen, Verantwortung für unser Handeln übernehmen und uns versorgen.

Wenn ich für meine Bedürfnisse sorge, dann sehe ich, was ich brauche. Ich versorge *mich* gut, setze mich für *mich* ein.

Bedürftigkeit in unserem Sinne meint einen objektiven, also tatsächlichen oder subjektiv erlebten Mangel an etwas Bestimmtem. Meist haben wir von diesem eine mehr oder weniger konkrete Vorstellung und sind frustriert, weil es uns fehlt. Solch eine vom Gefühl des Mangels gelähmte oder auch nur abwartende Haltung kann auf unserem Erfolgspfad massiv im Weg stehen und sich zerstörerisch auf ihn auswirken.

Unabhängig von den Wünschen, die sich aus Beziehungen zu anderen Menschen ergeben und uns nach Austausch, Liebe, Anerkennung etc. streben lassen, sind zunächst einmal nur *wir selbst* auch *für unsere* Bedürfnisse zuständig. (Ausnahmen sind zum Beispiel Kinder, also Schutzbefohlene.)

Zunächst gilt es also, unsere Bedürfnisse generell in Erfahrung zu bringen und eine Nähe aufzubauen, damit wir im jeweiligen Moment mit ihnen besser umgehen können.

Hier geht es im Kontext des **weiblichen Erfolgspfades** vor allem um diejenigen Bedürfnisse, die auf dem beruflichen Erfolgsweg bedacht, berücksichtigt, gesehen und letztlich erfüllt werden möchten – und zwar eigens von uns selbst.

Dem nähern wir uns, indem wir uns bei jedem Bedürfnis zunächst fragen, was *wir* für uns selbst tun können. Wir neigen oftmals dazu, Bedürfnisse nach außen zu verlagern, zu delegieren. Um aus dem Gefühl ständigen Mangels herauszukommen, das uns wie ein Irrgarten umgibt, ist es wichtig, dass wir uns eingestehen, was wir wirklich brauchen, um uns wohlzufühlen.

Hier können wir uns fragen:

> ➜ Wie viel Raum und Freiheit brauche ich für meine eigenen Themen und wie viel Ruhe und Zeit benötige ich für mich?
>
> ➜ Was sind konkret aktuelle Bedürfnisse rund um meinen beruflichen Werdegang?
>
> ➜ Wo befinde ich mich im gefühlten Mangel?
>
> ➜ Wo bin ich im inneren Irrgarten unerfüllter Bedürfnisse und Wünsche?
>
> ➜ Welche Bedürfnisse versuche ich ins Außen zu verlagern aus dem Wunsch heraus, jemand anderer möge sie für mich erfüllen (z.B. der Chef, der mein Potenzial entdecken und mir Projekte anbieten soll, oder der Partner, der weniger arbeiten soll, damit ich mehr Zeit für mein berufliches Vorankommen habe)?
>
> ➜ Welche Bedürfnisse erlaube ich mir nicht?

Oft geht es (neben den physiologischen und lebensnotwendigen Grundbedürfnissen) um dieselben Themen. Einige Bedürfnisse erfüllen wir uns, andere vernachlässigen wir regelmäßig. Meist haben Menschen ähnliche Bedürfnisse, die sich aber in Intensität und Aktualität stark voneinander unterscheiden können.

Fest steht: Jeder Mensch hat Bedürfnisse – und eine Berechtigung, eigenverantwortlich auf sie einzugehen und sie auch zu äußern. Selbstbewusst mit den eigenen Bedürfnissen umzugehen bedeutet, sich nah zu sein, sich zu fühlen und dieses Recht anzuerkennen.

Inhalte

Im beruflichen Kontext geht es darum, in Einklang zu bekommen, was man gerne tut und was man gut kann. Da inhaltliche Kriterien sehr individuell ausgestaltet werden müssen und dieses Buch kein Karriereratgeber ist, sondern tiefer in weibliche Prozesse eintaucht, wird der beruflich-inhaltliche Part kurz gehalten.

Es ist dennoch wichtig und relevant, anhand von Kriterienlisten oder ähnlichen Methoden eine Sammlung von inhaltlichen Themen für den eigenen weiblichen Erfolgspfad aufzustellen. Dabei gilt es ausführlich zu eruieren, welche inhaltlichen Themen wichtig sind, was also in jedem Fall dabei sein sollte, worauf man wirklich großen Wert legt und wo man eher flexibel ist.

Da Frauen selbst immer wieder die Sinnhaftigkeit ihrer Arbeit thematisieren, ist auch dieser Aspekt von großer Relevanz.

Auch die Frage, wie gut sie aufgestellt sind für die berufliche Zukunft im Sinne von Aus- und Weiterbildung, ist ein bedeutsames Thema. In der Vorbereitungsphase des weiblichen Erfolgspfades werden diese Themen unter »Drittes D« noch einmal kurz aufgegriffen.

Unterstützung

Wie eingangs erwähnt, ist Frauen das soziale Gefüge wichtig und obwohl privat vor allem sie es sind, die diese Netzgeflechte bilden, suchen sie sich im beruflichen Kontext tendenziell zu wenig Unterstützung.

Damit nicht auf Unterstützung gehofft und gewartet wird, ist es wichtig, hier ganz proaktiv und eigeninitiativ vorzugehen, sich von vornherein gut für sich einzusetzen und ein (weibliches) Flechtwerk aufzustellen.

Machen Sie sich eine Liste mit konkreten Personen und Institutionen aus Ihrem näheren Umfeld, die Sie weiterbringen können in Ihren Vorhaben. Clustern Sie diese nach Themen, Position und Fragestellung. Entwickeln Sie eine konkrete Vorstellung davon, in welcher Weise Sie auf dieses Netzwerk bauen können. Dann priorisieren Sie diese Liste und fangen Sie an, die für Sie von der Empfindung her angenehmsten Kontakte zu treffen und anzusprechen. Sprechen Sie bewusst und klar aus, wie diese gegebenenfalls für Sie aktiv werden könn(t)en.

Beispiele dafür sind:

- Ich spreche ehemalige Chefs oder Kollegen an, ob diese mir eine persönliche Referenz (Empfehlungs-schreiben) ausstellen.
- Ich frage Personalberater/Personalleiter nach konkreten Kontakten, Stellen oder der Marktlage.
- Ich bitte jemanden, der stark vernetzt ist, um konkrete Kontaktanbahnungen oder Tipps.
- Ich frage jemanden nach der richtigen Vorgehens-weise.
- Ich bitte um ein Feedback, was ich noch an meiner persönlichen Entwicklung verbessern kann.
- Ich brainstorme mit jemandem über innovative Wege zur Erreichung meiner Ziele.

Folgende Fragen können hierbei Hinweise geben:

> → Welche sozialen Unterstützungssysteme habe ich heute auf privater und beruflicher Ebene?
> → Wie sind diese verteilt? Inwieweit muss das Unterstützungssystem gegebenenfalls erweitert, verändert werden und was brauche ich dafür konkret?

> Welche tragfähigen Beziehungen habe ich?
> Brauche ich eine/n Mentor/in? Bei welchen Fragestellungen bräuchte ich Unterstützung? Wie könnte das konkret aussehen?
> Wo unterstütze ich mich selbst nicht genug?
> An welchen Stellen bin ich mir selbst gegenüber unhöflich?
> Welche Störfelder im Außen und welche Belastungssituationen möchte ich abstellen? Welche sehe ich bereits auf mich zukommen und wie werde ich damit umgehen?
> Kann ich schon heute etwas proaktiv bzw. präventiv unternehmen?

Beziehungen, Soziales

Für Frauen stellt die Vereinbarkeit von Familie bzw. Sozialem mit beruflichen Erfolgen eine sehr relevante Herausforderung dar. Den meisten ist diese Vereinbarkeit enorm wichtig und sie möchten idealerweise beide Schwerpunkte im Leben verfolgen, ohne dass diese in Konkurrenz miteinander stehen.

Das Gelingen von beiden Aspekten in einem entspannten Verhältnis trägt also maßgeblich zum Erfolg bei. Wie zuvor erwähnt ist dabei nicht entscheidend, für was Frauen ihre Zeit im privaten Umfeld nutzen möchten (Hobbies, Kinder, Ruhe, Tiere, Familie, Pflege ...), sondern nur, dass es gelingt.

Viele Frauen fühlen sich erst wohl, wenn sie einer Erwerbstätigkeit nachgehen, die ihre zeitlichen Restriktionen (z.B. wegen Pflege Angehöriger o.ä.) und die Vereinbarkeit von familiären/sozialen Verpflichtungen oder Wünschen berücksichtigt.

Frauen möchten oft die »schöpferische Verwirklichung« von Ideen mit flexibler Zeiteinteilung und inhaltlichen Werten und Zielen verbinden.

Wir fragen uns also:

> ➜ Wie viel Zeit brauche ich für den Erhalt oder
> den Aufbau des sozialen Netzwerkes in meinem
> privaten Umfeld?
> ➜ Welche Aspekte möchte ich unbedingt »unter einen
> Hut« bekommen?
> ➜ Welche Aspekte möchte ich beibehalten und welche
> kann ich gegebenenfalls ablegen, um eine beruf-
> liche Perspektive zu ergreifen?
> ➜ Für wen oder was möchte ich (weiterhin) da sein?
> ➜ Welche Themen kommen in welchem Zeitfenster auf
> mich zu, die berücksichtigt werden müssen
> (Krankheit der Eltern, Tierpflege, etc.)?

Mehr Weiblichkeit

Mit Weiblichkeit sind das eigene Geschlecht und die Identifikation gemeint – das also, was ich selbst damit in Verbindung
bringe. Weiblichkeit drückt sich innerlich wie äußerlich und auf
verschiedenen Ebenen (Verhalten, Emotion, Denkweise, Körper-
lichkeit) aus, ebenso durch Kompetenzen und Eigenschaften.

In früheren Kapiteln konnten Sie sich damit beschäftigen, was
Weiblichkeit für Sie persönlich ist und wie Sie diese bisher ausdrücken oder in Zukunft im Innen und im Außen zum Ausdruck
bringen wollen.

In Vorbereitung auf den weiblichen Erfolgspfad könnten Sie
sich nun folgende Fragen stellen:

> ➜ Wie kann ich meine weiblichen Kompetenzen stären?
> ➜ Welche Stärken mache ich an mir aus, die ich als
> weiblich identifiziere? Kann ich diese noch aus-
> bauen und erweitern?

> → Welche weibliche Seite zeige ich noch nicht?
> → Wo möchte ich noch weicher und herzlicher wer-
>   den im Umgang mit Menschen und Situationen ohne
>   mich bzw. meine Interessen und Bedürfnisse
>   vernachlässigen zu müssen?
> → Wo kann ich mehr Weiblichkeit einbringen (zum
>   Beispiel emotionale Intelligenz)?
> → An welchem Aspekt meiner Weiblichkeit möchte
>   ich konkret ansetzen/arbeiten?
> → Woran erkenne ich, dass ich stärker zu meiner
>   Weiblichkeit gefunden habe?

Zweites D: DAS will ich

Was ist Frauen eigentlich tatsächlich wichtig? Und wie oft kommt das Wort »eigentlich« dabei vor? Und wie oft sagen wir nicht, was wir denken und was wir wollen?!

Stehen Frauen wirklich ein für das, was ihnen wichtig ist?

Frauen wird jedenfalls oft unterstellt, dass sie nicht wissen, was sie wollen. Es ist aber so: In uns selbst ruhen sämtliche Antworten wie ein verschlüsselter Schatz. Wir müssen ihn nur suchen, finden, dechiffrieren und heben. Unser Herz, unser Bauch, unser Unterbewusstsein, unsere Intuition und vor allem unser Körper bieten uns die nötigen Sensoren.

Sofern wir einen guten Zugang zu unserem Körper haben, uns in ihm wohlfühlen und uns gut spüren können, haben wir automatisch einen guten Zugang zu unseren inneren Abläufen. Diese Abläufe im Kontext des weiblichen Aspekts folgen einer inneren (Herzens-)Stimme und beinhalten den Harmonieaspekt, sind also darum bedacht, alles in Einklang zu bringen.

Wenn wir uns diesen inneren Abläufen nicht stellen, sind wir

»im Chaos« und erleben widersprüchliche Strebungen. Wir sind »von Sinnen«, statt *alle* Sinne zu benutzen. Ohne allen Anteilen in uns einen Raum und Ausdruck zu verleihen, wird unsere innere Zerrissenheit einen großen Raum einnehmen, der uns Platz für Erfolg verwehrt, und uns so lange unsere inneren Themen spiegeln, bis wir genauer hinsehen.

Nichts ist wirklich von Bedeutung, wenn wir nicht fühlen und nicht in unserer Lebendigkeit sind. Es fehlt uns dann auch entsprechend an Echtheit.

Frauen spüren meistens genau, was sie wollen. Sie wissen es aber oft nicht bewusst oder sie vertrauen ihren eigenen Wahrnehmungen nicht bzw. erlauben sich nicht zu wünschen, zu träumen und gar zu fordern.

Zum Wollen selbst gehört auch noch eine Entscheidungskompetenz, die es uns ermöglicht, bewusst zu wählen, »wo die Reise hingeht«, denn durch unsere Wahl treffen wir eine **Entscheidung für eine Erfahrung.**

Insofern gibt es keine echten Entscheidungsfehler. Das sollte all jene positiv aufrütteln, die noch vermeintlichen Fehlern anhaften. Wir haben uns immer für einen bestimmten Weg entschieden, der zu bestimmten Erfahrungen geführt hat. Erfahrungen zu machen ist kein Fehler, sondern ein nächster Schritt zu neuen Entscheidungen.

Weil wir das, was wir wollen, oft gar nicht in Worte fassen können, ist es hilfreich, andere Formen zu finden, die es uns ermöglichen, unsere Wünsche zu *er*-fühlen oder zu *be*-greifen.

Visualisierungs- und Imaginationsübungen, Aufstellungsarbeit, gegenständliches oder gestaltendes Arbeiten, Emotionsarbeit oder kreativer Ausdruck durch Spiel, Tanz, Musik, Malen, Formen sollen hier beispielhaft aufgeführt werden, um uns auf den richtigen Weg zu bringen und zum Ausdruck bringen lassen, was wir wirklich wollen.

Tatsächliche und echte Wünsche schlummern oft im Verborgenen. Unsere spontanen Gefühle und unsere Verhaltensweisen verraten unsere innersten Bedürfnisse, also das, was uns wirklich wichtig ist. Wir müssen unsere Fragen daher vermehrt auf diese beiden Aspekte ausrichten und uns diese Fragen mit viel Hingabe, Liebe zum Detail und wertschätzendem Interesse stellen.

Frauen nehmen häufig viel Rücksicht auf andere und denken darüber nach, was für eine Auswirkung eine Handlung für diese Anderen bedeutet und ob die eigenen Wünsche in Relation dazu (noch) wichtig sind.

Sie stellen sich also vordergründig und zu früh die Frage, ob es sich lohnt, die eigenen Wünsche »auf Kosten der anderen« zu verfolgen und zu erfüllen. Dabei werden »die anderen« oft jedoch gar nicht in diese Denkkarusselle mit eingebunden, sondern es wird in sie hineininterpretiert und vorausgesehen, was der jeweils Andere darüber denkt und was das in der Konsequenz bedeuten muss.

Solange eine Frau zum Beispiel für den Partner entsprechend mit- und vorausdenkt, nimmt sie ihm damit die Chance, sich entsprechend positiv und für sie förderlich in eine Richtung (die erforderlich wäre, um den geeigneten Weg zu gehen) zu bewegen oder zu entwickeln. Auf diese Weise kontrolliert sie das Geschehen, den Prozess in einer für alle Beteiligten destruktiven Weise.

Auch wenn Frauen potenziell sehr einfühlsam, intuitiv und vorausschauend sein können, so ist genau diese Fähigkeit oft blockiert, wenn es um die **Erfüllung eigener Wünsche und Ziele** geht. Und ihre Emotionalität, die in der Qualität eine positive Fähigkeit ist, kann hier umgekehrt zu einer hohen psychischen Instabilität und zu innerem Tumult/inneren Turbulenzen, einer Art Ausnahmezustand, führen.

Diese gedanklichen Hürden und Blockaden müssen wir durchbrechen. Bevor uns die eigenen Wünsche nicht klar sind, also ins Bewusstsein rücken, dürfen wir uns nicht bereits daran reiben, was das für andere bedeutet.

Es wäre so, als ob man ein Brainstorming, bei dem es um Kreativität und das Sammeln von Ideen geht, *ohne* diese zu bewerten, durchführt, durch den strengen Beurteilungsfilter jagt und jeden Gedanken und Wunsch bereits im Keim erstickt. Würden Künstler so arbeiten und vorgehen, würde es kaum kreative Schöpfungen geben.

In späteren Schritten, im Sinne eines »*Reality checks*«[37], ist es durchaus ratsam, hierzu Überlegungen anzustellen und Optionen durchzugehen.

Zusätzlich trauen Frauen sich oft selbst nicht über den Weg, in dem Sinne, dass sie ihre Wünsche für nicht realisierbar halten oder glauben, der angestrebte Wunsch sei nicht der tatsächliche, wahre.

Unsere Ratio (oder das, das wir dafür halten) überblendet oft diejenigen Wünsche, die aus unserer Wahrhaftigkeit entstehen.

Tatsächliche Sehnsüchte, Seelenbedürfnisse und Herzenswünsche fühlen sich jedoch irgendwie echter und stimmiger an. Wir spüren eine angenehme Aufgeregtheit und haben Vertrauen, während die durch den Willen und das Ego gesteuerten Wünsche eine Getriebenheit und Unruhe in uns auslösen. Es handelt sich hier oft eher um Begierden, die nicht das echte Thema darstellen, sondern uns eher zeigen, wo wir uns (noch) im Mangel befinden oder wo wir lediglich versuchen, den Maßstäben unserer Umwelt zu entsprechen.

Vielmals trauen Frauen sich selbst etwas nicht zu. Auf halber Strecke oder schon früher verlässt sie der Mut. Dann lassen sie sich schnell abbringen bzw. suchen mitunter geradezu nach Ausreden und kleineren und größeren Ablenkungen, die den Plan verunmöglichen, oder sie konzentrieren sich auf die eher verhindernden Aspekte, statt Verantwortung zu übernehmen für die eigenen Träume und deren Erfüllung.

Dabei kann es dann gelegentlich an der nötigen Konsequenz mangeln. Frauen geben mitunter zu früh auf, wenn der erste Gegenwind kommt, lassen sich von Widerständen und Widrigkeiten entmutigen und bleiben am Ende frustriert und verbittert zurück. Oder sie gehen allzu verbissen und hartnäckig an die

Zielerreichung heran, statt in entspannter oder spielerischer Haltung. So nutzen sie nicht jene Instanz in sich selbst, eine höhere Intelligenz oder Weisheit, die sich aus verschiedenen Anteilen zusammensetzt und die wir jederzeit befragen können und die uns Orientierung und Antworten geben kann bezüglich der relevanten Themen.

Wenn wir auf diese (weise) Weise **mit allen Sinnen** unsere Fragen stellen im Vertrauen darauf, dass die Antworten zu uns finden, statt »von allen Sinnen zu sein«, können wir jede Form der Kreativität einsetzen und nutzen, damit sich die Essenz möglichst sichtbar, klar und nachhaltig äußert.

Was sich jede Frau im Kern wünscht, ist, über die Dinge, die sie persönlich betreffen, **selbst bestimmen zu können.**

Im beruflichen Kontext hat sich in umfangreichen Studien und Befragungen[38] herauskristallisiert, dass Frauen ihre Interessen, Überzeugungen, Erfahrungen und Begabungen in einem Umfeld der Sinnhaftigkeit und Wertschätzung zur Geltung bringen wollen. Ferner haben sie eine Präferenz für harmonisches Miteinander und arbeiten gerne mit und für Menschen.

»Bei allen Befragten steht der ›Spaß im Beruf‹ mit weitem Abstand an erster Stelle, gefolgt von ›Familie‹, ›Kontakt zu Freunden‹ und ›ethischen Werten‹. Die größten Unterschiede zwischen Frauen und Männern zeigen sich bei der deutlich höheren Bedeutung von ›Geld‹ und ›Macht‹ bei den Männern sowie ›Image‹, ›ethische Werte‹ und ›Kontakt zu Freunden‹ bei Frauen. (...) Auch die Untersuchung von Leistungsdimensionen ergibt einige ›bemerkenswerte Unterschiede zwischen den Geschlechtern«, so Martin Haase in einer Studie über Spaß im Beruf. »Höher als bei Männern ist bei den Frauen die Tendenz ausgeprägt, Misserfolge zu vermeiden; Frauen streben eher nach sozialer Akzeptanz (...) und legen mehr Wert auf das Selbstmanagement.«[39]

An der Stelle der Ds – »Das will ich« – stellen Sie sich zum Beispiel folgende W-Fragen:

➜ Was liebe ich zu tun? Wobei fühle ich mich richtig wohl und ausgeglichen?

➜ Was tue ich, obwohl es nicht zu meinen Aufgaben gehört, weil ich es mag? Und was tue ich, obwohl ich es weder mag noch tun muss?

➜ Stimmt das, was ich will, mit meinen Herzenswünschen überein?

➜ Woran mache ich fest, was stimmig für mich ist?

➜ Was habe ich bisher gewollt und nicht verfolgt, weil etwas im Außen dazwischen kam? Was waren die Störfelder?

➜ Wo habe ich mir bisher selbst im Wege gestanden und Chancen verstreichen lassen?

➜ Wer bin ich, wenn ich weiß, was ich will?

➜ Was will ich, wenn ich keine Rücksicht nehmen müsste?

➜ Was will ich nicht (mehr)?

➜ Was wollte ich nie?

➜ Welche privaten und beruflichen Interessen möchte ich in Einklang bringen?

➜ Was sind meine Motivatoren (intrinsisch = von innen her / extrinsisch = an mich herangetragen)?

➜ Welche Stressoren im beruflichen und privaten Umfeld habe ich identifiziert? Welche davon möchte ich ändern/abstellen, um mich mehr meinen Träumen und Zielen zuwenden zu können?

➜ Welche Wünsche, Träume, Sehnsüchte begleiten mich schon lange?

➜ Welche Wünsche wage ich kaum zu träumen und mir einzugestehen?

➜ Wie sähe genau mein Arbeitsleben und -alltag aus, wenn alles möglich wäre und ich alles hätte, was ich dazu bräuchte?

Zur genauen Formulierung kann man auch ein Skript ähnlich einer anleitenden schriftlichen Vorlage dokumentieren, so wie für einen Film. Hierin drücke ich genau formuliert den wünschenswerten Soll-Zustand aus, als sei er schon eingetreten. Ich betrete damit das Energiefeld der Zukunft meiner Zielstraße.

> → Wenn ich also mich selbst und meine Wünsche und Ziele voll zum Ausdruck bringe, eine optimale Arbeitssituation in Einklang mit privaten Interessen und Verpflichtungen co-kreieren kann – wie ist dann mein Ablauf, meine Funktion, wie bin ich? Wie sehe ich dabei aus?
> → Welche Menschen sind um mich herum?
> → Welche Arbeitsumgebung finde ich vor?
> → Welche Arbeitszeiten habe ich? Wie arbeite ich genau?

Schreiben Sie dies alles detailgetreu auf.

Lassen Sie alle Beschränkungen, die nicht zu den vorher erkannten und eruierten Rahmenbedingungen gehören, weg und kreieren Sie eine Traumumgebung: Ihre virtuelle Welt voller Wünsche, Bedürfnisse und Träume.

Zum Thema ›ZIELDEFINITION‹ gibt es am Ende des Buches einen Appendix mit Hilfestellungen (siehe Anhang 3).

Nun formulieren Sie, was Sie wirklich wollen und auf was Sie sich konkret freuen. Auch hier hilft eine KRITERIENLISTE, in der Sie die Rahmenbedingungen, Wünsche, Geld, Zeit, Art der Arbeit, Bedingungen, Werte etc., also alles, was zu »Das will ich« gehört, auflisten (siehe Anhang 4). Diese Liste können Sie gleichwertig führen oder nach Wichtigkeiten priorisieren.

Hinter das jeweilige Kriterium kommt eine Bewertungsskala von 0 bis 10, die Sie nutzen können, indem Sie Ihre derzeitige Beschäftigung anhand der Liste bewerten und auch neue Herausforderungen, Chancen und Perspektiven immer vor der Entscheidung unter diesen Aspekten einschätzen.

Am Ende empfiehlt sich ein *Reality Check* und die Frage, ob die Ziele wirklich mit allem harmonieren, was Ihnen wichtig ist.

Es geht darum, den *eigenen* weiblichen Erfolgspfad für sich selbst zu bestimmen und dabei den eigenen Wahrheiten und der Wahrhaftigkeit zu folgen. Machen Sie die Erkundung Ihres Weges zu Ihrer **eigenen Domäne**, über die nur Sie selbst herrschen und in der nur Sie selbst sich auskennen und zurechtfinden.

Drittes D: DAS habe ich

Dieser Part benötigt einen besonderen Fokus, der innerhalb eines Beratungssettings mit einem erfahrenen beruflichen Coach besonders gut gelingt. Es werden alle Dinge zusammengetragen, die Sie bereits haben. Manches davon ist Ihnen bekannt und/oder bewusst. Manches, was bisher noch nicht bekannt und /oder bewusst war, soll ans Tageslicht kommen.

Hierzu gehören die **Kompetenzen**, die jemand mitbringt:

> → Welche besonderen Fähigkeiten und Fertigkeiten bringe ich mit?
> → Was kann ich besonders gut?
> → Welche Tätigkeiten liegen mir und gehen mir »leicht von der Hand«?
> → Welche Aktivitäten machen mir besondere Freude, erfüllen mich also auf bestimmte, angenehme Weise?

Dann werden die **fachlichen Erfahrungen** und angeeignetes **Knowhow** bzw. **Expertise** auf Gebiet XY zusammengetragen. Es ist eine Sammlung, aber auch die Eruierung Ihres persönlichen fachlichen/beruflichen Mehrwerts, der Sie von anderen in einer bestimmten Menge, Qualität oder Kombination ausmacht.

Man unterscheidet hier in der Vorbereitung zwischen Kenntnissen und Erfahrungen. Zu den Erfahrungen gehören auch besondere **Projekte, Sonderaufgaben, erreichte Ziele** und **erbrachte Leistungen** und was gegebenenfalls davon an Kenntnissen abgeleitet werden kann, sowie **tatsächliche Erfolge** auf dem bisherigen Berufsweg, wie in den vorherigen Kapiteln beschrieben.

Es werden neben den **fachlichen Stärken** aber auch die **fachlichen Schwächen** zusammengetragen und abgewogen, an welcher Stelle es Sinn macht, diese auszugleichen und/oder aktiv anzugehen durch Selbststudium/Literatur, Weiterbildungen oder ähnliche Maßnahmen.

Neben Kenntnissen und Erfahrungen geht es auch darum, seine **Interessen** und **Neigungen** und **Talente** mit einzubeziehen.

Nach dem fachlichen Part geht es nun im Folgenden darum, Ihre **Persönlichkeit** zu erfassen. Hierzu zählt alles, was für den beruflichen Weg relevant sein könnte.

➜ Was macht mich aus als Mensch?

➜ Wie würden andere mich beschreiben?

➜ Welches sind meine Eigenschaften, die mir im Berufsalltag helfen und auf die ich mich besonders verlassen kann?

➜ Was macht mich einzigartig?

➜ Was habe ich mir angeeignet, weil ich diesen bisherigen Lebensverlauf hatte?

Lassen Sie sich hier bitte auch **Feedback** von vertrauten Menschen geben. Holen Sie Feedback vor allem von anderen Frauen ein, die Sie unterstützen und die Ihnen wohlgesonnen sind.

Auch die **Rahmenbedingungen**, die für jede Person höchst individuell sind, hatten wir in vorherigen Kapiteln angesprochen.

Diese gehören auch aufgeführt in dieser Passage, da sie uns daran erinnern, was wir haben und brauchen.

Nach diesem Prozess kann man erste Prognosen abgeben, was aufgrund der Sammlung »Das habe ich« – die Sie unbedingt schriftlich vornehmen sollten! – herausgekommen ist, in welche Richtung es also welche **Einsatzmöglichkeiten** geben könnte.

Als letztes überprüfen wir an dieser Stelle auch unsere **Motivatoren**, die uns bisher im beruflichen Umfeld angetrieben haben. Abgeleitet davon, fragen wir uns, was wir einzubringen bereit sind (z.B. Engagement, Netzwerkaufbau, konkrete Zeitangaben oder ähnliches).

Viertes D: DAS lasse ich da

Es gibt einige Dinge, die wir ablegen sollten, bevor wir uns auf unseren Pfad begeben.

Dinge, die uns nicht mehr »dienen«, die also nicht mehr zu uns passen und uns schwächen, lassen wir bewusst hinter uns.

Alte Verletzungen

Alte Verletzungen heilen nicht, indem wir uns permanent mit der Vergangenheit beschäftigen. Wir bleiben in Selbstmitleid stecken und kleben an Gefühlen, die wir aus unterschiedlichen Gründen festhalten.

Das »Dazwischen« ist hier oft das eigentliche Problem. Ich kann die alten Wunden nicht loswerden, will mich mit ihnen wegen der unangenehmen und schmerzenden Gefühle aber auch nicht weiter auseinandersetzen.

Es handelt sich um einen ›Stuck in«-Zustand: Wir stecken fest in einer Art von Zwischenraum, der uns nicht gut tut, uns nicht weiterbringt, sondern am Weitergehen geradezu hindert. Starke Gefühle, die sich dauerhaft melden, kann man über einen längeren Zeitraum nicht erfolgreich wegdrücken, ignorieren oder verdrängen.

Noch dazu übertragen wir die Gedanken, die mit den alten Verletzungen einhergehen, auf die Zukunft und glauben, dass wir ähnliche Verletzungserfahrungen noch einmal machen werden und uns genau davor schützen müssen.

Damit stellen wir die Weichen für unsere Zukunft entsprechend einer negativen Aussicht.

Will man sich alten Wunden tatsächlich stellen, um die damit verbundenen verletzten Gefühle zu heilen, sollte man in verschiedenen Schritten achtsam mit sich umgehen:

```
1)Die Verletzung will als solche identifiziert und
   anerkannt werden.
   -> Ja ich bin verletzt!
2)Alle dazugehörigen Gefühle und Gedanken werden ak-
   zeptiert und anerkannt. Man widmet sich besonders
   demjenigen Gefühl, das am stärksten ist und an dem
   man das Festhalten an der alten Wunde am besten
   ausmachen kann.
3)Dieses Gefühl mit all seinem Ausdruck darf sein
   und wir erfahren es, in dem wir es fühlen, ohne es
   zu bewerten oder wegdrücken zu wollen. Es geht
   darum, bewusst durch diesen Prozess zu gehen.
   Dazu gehört mitunter auch, an den Schmerzpunkt zu
   gehen, wo die Emotion ihren höchsten Ausdruck fin-
   det. Und herauszufinden, für was dieses Gefühl
   steht.
   -> Ich erlaube mir, den Schmerz zu fühlen!
4)Es gilt zu identifizieren, wie sich unsere Ein-
   stellung nach dem Erlebnis von damals verändert
   hat. Gegebenenfalls sind auch Glaubenssätze
```

(»*Ich bin nicht liebenswert*«, »*Ich habe kein Glück verdient*«) damit einhergegangen, die es entweder schon vorher gab oder die sich daraus entwickelt haben. Welche damit zusammenhängenden Ängste und Befürchtungen gibt es?

5) Der Schmerz, den man fühlt, hatte seine Berechtigung und kann nun transformiert werden.

-> *Ich bedanke mich, dass mich dieses Gefühl aufgerüttelt hat!*

Benennen Sie das Gefühl hier (z.B. »*Danke, Traurigkeit. Du hast mir gezeigt, was nicht stimmte*« oder »*Du warst stellvertretend da für XY ...*«)

6) Entscheiden Sie sich bewusst dafür, sich nun vom Schmerz zu verabschieden.

-> *Ich entscheide mich bewusst dafür, nicht länger zu leiden.*

-> *Ich bin in der Lage, den Schmerz zu heilen!*

Da alte Verletzungen oft frühkindlich entstanden sind, müssen wir uns von ihnen befreien, um mehr Unabhängigkeit zu finden. Ich empfehle hier die Beschäftigung mit dem »**Inneren Kind**«. Es gibt gute Literatur zu diesem Thema und Therapeuten, die sich auf diese Arbeit und auf die sogenannte »Versöhnung mit dem inneren Kind« spezialisiert haben.

Wenn kindliche Gefühle (wie Trotz, beleidigt sein, schmollen u.s.w.) in uns aufsteigen, ist es wichtig, dass wir uns umsichtig und liebevoll darüber aufklären, zu welcher Altersphase diese gerade gehören.

Die Verbindung mit dem Inneren Kind der Vergangenheit bedeutet, dass wir tiefe Gefühle zulassen, die aus Situationen und Erlebnissen entstanden sind, als wir noch nicht für uns selbst sorgen konnten. Das Innere Kind macht uns auf Bedürfnisse aufmerksam und möchte unsere Aufmerksamkeit auf alte Verletzungen ziehen.

Oft besteht, wenn auch nicht auf den ersten Eindruck, eine Parallele zu einer bestimmten heutigen Situation, die diese alten Gefühle aufkommen lässt. Damit erleben wir die Hilflosigkeit des Kindes neu und verlieren die Kontrolle.

Wir können vergangene Situationen nicht mehr ändern, aber unsere Einstellung zu ihnen und damit unsere Gefühle, die heutigen Situationen gegenüber nicht mehr angemessen sind. Denn heute sind wir Erwachsene, die für uns sorgen und uns entsprechend verteidigen können, wohingegen das Kind von damals hilflos ausgeliefert war und Schutz gebraucht hätte.

Wenn also alte, vergangene Gefühlserfahrungen sich stark im Heute zeigen (wollen), sollte man durch einen begleiteten Transformationsprozess gehen. Dabei muss man bisher gelebte Vermeidungskonzepte aufgeben und bewusst noch einmal durch die alten Verletzungen gehen, um diese als Erwachsene neu einzuordnen und zu befreien (»transformieren«). Am Ende werden wir alten Mustern, die uns einst dienten und schützten, uns aktuell aber behindern, nicht länger verhaftet sein.

Aus dem Inneren Kind der Vergangenheit heraus sind Gefühle und Wahrnehmungen entstanden, die noch heute unsere Bindungen und Beziehungen maßgeblich prägen und vor allem unsere Reaktionen bestimmen. So kann es schnell dazu kommen, dass bestimmte Situationen bzw. andere Menschen unsere »roten Knöpfe‹ drücken und uns damit – bewusst oder unbewusst – *antriggern*.[40]

Meist geht es hierbei um in der Vergangenheit unberücksichtigt gebliebene Bedürfnisse und eine daraus enstandene, bis heute anhaltende Bedürftigkeit.

Es gibt aber auch ein Gegenwärtiges Kind in uns (einen kindlichen Anteil), das sich mit aktuellen Bedürfnissen meldet, zum Beispiel dem Wunsch nach Erholung, Spielen, Kreativität, albern sein. Je ernster, pflichtbewusster, disziplinierter, kontrollierter und engstirniger wir leben und dabei die Lebensfreude aus den Augen verlieren, desto nachdrücklicher wird unser kindliches Ich uns ermahnen, dass das Leben auch noch Spaß, Unfug, Verrücktheiten hergeben sollte, die uns einfach nur guttun.

Diese kindlichen Anteile beeinflussen unser Wohlsein und unsere Befindlichkeiten in großem Maße.

Das Kind in uns weckt uns auf, wird ungemütlich laut und rüttelt an den Toren unseres Erwachsenseins, denn es möchte uns auf etwas elementar Wichtiges, etwas Fehlendes aufmerksam machen.

Das auf die ein oder andere Weise in uns existierende Kind möchte gut behandelt werden, einen festen Platz in unserem Leben bekommen, eine Stimme und einen eigenen Raum. Einmal bewusst integriert, merken wir unmittelbarer unsere Bedürfnisse, erleben diese echter/authentischer und können sie besser zuordnen, statt alten Energien anzuhaften.

Barrieren

Barrieren, auch Hürden oder Hindernisse genannt, können real oder subjektiv (also vermeintlich) vorhanden sein. Sie hindern uns am Sehen, am Gehen und beeinflussen unsere Wahrnehmung der (Außen-)Welt.

In jedem Fall erschweren sie in irgendeiner Form unser Fortkommen bzw. unseren Zugang zu etwas oder jemandem.

Sind diese Hindernisse tatsächlich da, müssen wir situativ mit ihnen umgehen und sie »aus der Welt schaffen«. Doch auch wenn die Hindernisse »nur« in unserem Kopf existieren, können sie uns nachhaltig blockieren. Wir sollten daher auch den vermeintlichen Hindernissen erhöhte Aufmerksamkeit schenken und herausfinden, um was es dabei eigentlich genau geht.

Insbesondere bei der Umsetzung in Richtung Veränderung, also dann, wenn wir unsere Komfortzone verlassen wollen oder müssen, melden sich Bedenken, Zweifel, Ausreden.

Auch innere Widerstände, die uns nicht gleichermaßen bewusst und bekannt sind, können sich in Form von Barrieren zeigen. Alte Lernerfahrungen können dazu führen, dass wir zukünftige Situationen nur deshalb ablehnen, weil sie uns unbewusst an eine alte, mit unangenehmen Gefühlen einhergegangene Erfahrung erinnern. Anteile in uns gehen dann von einer Wiederholung des Erlebten aus und setzten sich dagegen zur Wehr. Auch Glaubenssätze, Konditionierungen aus der Erziehung, können zu Barrieren führen.

Besonders wenn ich mir ausmale, was alles an Schlimmem passieren könnte, wird die Barriere größer, da ein Negativ-Szenario zur Vision wird, die uns entsprechend blockiert.

Barrieren sind allerdings auch positive Warnsysteme, um uns zu bewahren vor Fehlern und zu beschützen vor Verletzungen, Schmerz, etc.

Ängste

Angst ist zunächst einmal, ähnlich wie Stress, ein innerliches Alarmsystem und fordert uns auf, wachsam und aufmerksam zu sein. Damit hat sie eine wichtige Funktion und schützt uns vor gefährlichen Situationen. Angst hat also eine (uns) bewahrende Kraft und Qualität. Als inneres Zittern oder Lampenfieber ist sie oft auch eine Vorbotin von Positivem: der Anfang einer großen Veränderung oder eines großen Auftrittes.

Angst kann uns jedoch blockieren, zum Beispiel in Gefahrensituationen mit zu starker (Panik) oder zu schwacher Alarmreaktion (Gefahr nicht richtig eingeschätzt). Wenn die Angst der Lage unangemessen ist, hält sie uns potenziell davon ab, das Richtige zu tun, und schadet uns eher, als dass sie uns dient.

Angst ist kein reines Gefühl, sondern geht einher mit einer Reihe von körperlichen und mentalen Reaktionen und verändert damit unseren Bewusstseinszustand.

Bei Frauen kommt es verstärkt zu der Angst, den vielfältigen und vermeintlich gesetzten Anforderungen nicht gerecht zu werden. Dies wirkt sich auch in ihrem Arbeitsleben aus. In Kombination mit der Angst vor dem eigenen Mut und der bangen Frage, welche Konsequenzen im negativen Sinne der eigene Erfolgsweg potenziell hervorrufen könnte, hindert es Frauen daran, sich in ihre Größe und Wahrhaftigkeit zu begeben. Eher bleiben sie dann im kleinen, unbedeutenden Raum, geben (falsche) Bescheidenheit vor und werden so (aus ihrer Sicht) zumindest weniger zurückgewiesen, abgelehnt und als Bedrohung erlebt.

Frauen versuchen in diesem Kreislauf der Selbstbeschränkung, es auf der einen Seite allen recht zu machen, werden sich selbst aber nicht gerecht und damit in letzter Konsequenz niemandem. Auch fühlen sich diejenigen, die das Potenzial der Frau erahnen, auf gewisse Weise in ein falsches Spiel verwickelt. Es gleicht dem einer Spielerin, die trotz guter Karten andere gewinnen lässt und dies zu vertuschen versucht.

Mitunter macht es unsere Umwelt sogar aggressiv, wenn wir nicht in unser volles Potenzial gehen, vor allem diejenigen, die von sich selbst denken, weniger Möglichkeiten, Talente und Fähigkeiten zu haben.

Groteskerweise macht also (gut gemeinte) Rücksicht an dieser Stelle gar keinen Sinn und bewirkt nur, dass niemand etwas Positives aus dem inaktiven, halbherzigen, unauthentischen Zustand herausziehen kann.

Oft sind Werdegänge von Frauen auch sehr einsam. Es fehlt die Unterstützung eines Partners, der den Rücken stärkt, der der Frau gut zuredet, ihr den Weg zutraut und sie entsprechend emotional, tatkräftig oder beratend begleitet und stärkt.

Gerade deshalb fragen sich Frauen auf dem Erfolgsweg besonders gründlich, ob es wert ist, sich dafür dermaßen allein zu fühlen, und ob sie sich dem Ruhm und dem Gegenwind, den sie erfahren, überhaupt gewachsen fühlen.

Die vermeintlich großen Risiken auf der einen und die vielen Unsicherheiten auf der anderen Seite führen sie in eine Zerreißprobe und einen inneren Kampf ohne Gewinner und Verlierer.

Immer da, wo Angst zur Unbeweglichkeit und zu Vermeidungstendenzen führt, die die Angst weiter verstärken und das Verhaltensrepertoire einengen, gilt es, besonders aufmerksam hinzusehen, sich mit der Angst auseinanderzusetzen, um diese zu überwinden. Daher rührt auch der Spruch «Wo die Angst ist, ist der Weg». Immer wenn Angst zum Ausdruck kommt, ist das eine wichtige Botschaft.

Verzicht und Rücksicht

Von Natur aus gehört es zu den weiblichen Qualitäten, aus der Rolle einer Mutter heraus Verzicht zu üben, Rücksicht zu nehmen, sich ganz auf die Bedürfnisse des zu betreuenden Kindes einzustellen, es mit allem Notwendigen zu versorgen und vor den Gefahren der Umwelt zu schützen. Diese Aspekte garantieren das Überleben und sichern die Nachfolge.

Doch alles hat seine Zeit und Frauen haben zusätzlich ein angeborenes Gefühl für den »richtigen Zeitpunkt«, also dafür, wann etwas anfängt und wann es zu Ende geht.

Eine Mutter zum Beispiel muss lernen, im richtigen Moment loszulassen und das Kind in die Selbständigkeit zu entlassen. Hält sie am Kind fest, hat dies mit ihren eigenen Ängsten und Bedürfnissen zu tun und die Sorge um das Kind kann vorgeschoben sein, um eigene unbewältigte Themen zu kaschieren. Der gleitende Hang zur Märtyrerin wird für alle Beteiligten zu einer Gratwanderung, die auch viele negative Folgen haben kann.

Wie viel Rücksichtnahme und Verzicht dient in welchem Moment und in welcher Phase tatsächlich dem Familiensystem? Wann und in welcher Form schwächt oder lähmt eine Rücksichtnahme, die nur scheinbar im Sinne der anderen Mitglieder steht?

Diese Frage kann man auf alle Systeme übertragen. Wir können uns auch an der Natur orientieren und der Weisheit des Lebens entnehmen, wann der richtige Zeitpunkt für Wandlung und wann für Ruhe gekommen ist.

Rücksichtnahme lernen wir beispielsweise in der Fahrschule als Grundprinzip eines funktionierenden Straßenverkehrs. Wohin kommen wir aber, wenn wir in Rücksicht verharren? Nicht weit, wenn wir uns einen Kreisel oder die Rushhour im tobenden Stadtverkehr vorstellen. Rücksichtnahme ist in diesem Zusammenhang als gegenseitig und nicht als einseitig zu betrachten. Nur dann kann sie im Miteinander auch funktionieren und ergibt einen Sinn.

Bei der Rücksichtnahme geht es also auch um das Beachten und Betrachten, um den abzuwägenden, situativen Umgang, der gerade in diesem Moment angemessen und notwendig ist.

Im Eigenverzicht und der damit einhergehenden Zurückhaltung erwarten Frauen oft eine ähnliche Rücksichtnahme von anderen, erhalten diese aber nicht, weil (zu viel) Rücksicht besonders in hierarchischen Systemen als Schwäche und Weichheit gedeutet wird und im Gegenteil die Rücksichtslosigkeit mit Dominanz einhergeht.

Sich zurücknehmen und zurückhalten bedeutet auch, dass ich etwas zurückhalte, obwohl es (mir) gerade besonders wichtig wäre, es einzubringen.

Wir sollten uns in jedem Fall unserer Haltung und Absicht bewusst sein und uns fragen, ob wir von Herzen Rücksicht nehmen, ohne eine Gegenleistung zu erwarten, oder ob wir von falscher Rücksichtnahme getrieben sind, die entweder unangemessen oder nicht ehrlich gemeint ist bzw. in der Absicht manipulative Aspekte beinhaltet.

Ein gutes Barometer dafür, ob wir uns selbst gegenüber rücksichtsvoll verhalten, ist, wie wohlwollend wir auf unsere Bedürfnisse blicken und uns für uns selbst einsetzen.

Wenn jeder seinen Teil der Verantwortung zum Wohlergehen aller übernimmt, geht es automatisch rücksichtsvoller zu. Hier können wir Frauen in guter und reiner Absicht Gutes bewirken und Vorbild sein, ohne unsere Wünsche und Bedürfnisse zu vernachlässigen. Und Vorbild sein bedeutet immer, einen Schritt vorwärts (und voraus) zu gehen.

Persönlich nehmen

Indem ich nichts persönlich nehme, befreie ich mich mehr und mehr von äußeren Bewertungen. Damit entfällt auch das Warten darauf, was andere für mich für richtig halten. Ich kann aus einer bisher abwartenden Position heraus in die Aktivität gehen. Es bedeutet auch, dass ich mich nicht abwerten lasse durch die Meinungen oder Angriffe meiner Umwelt und ich ihr nichts beweisen muss.

Bei Kritik von außen habe ich stets einen Filter, der mich selbst zunächst darüber entscheiden lässt, ob ich diese Kritik überhaupt zulasse, weil sie von einem Mensch kommt, der es gut mit mir meint.

Häufig sagen Menschen eher etwas über sich selbst als über mich aus, wenn sie bewerten, vor allem aber, wenn sie *ab*werten.

Kritikfähigkeit heißt, dass ich nicht frei von Fehlern bin und es gut ist, einen Außenblick auf mich zu bekommen, aber es heißt nicht, alle Kritik von außen als richtig zu empfinden und anzunehmen als Wahrheit.

Wir alle haben in unserer Wahrnehmung verschiedene Wahrheiten. Ebenso wie unsere ist auch die Erlebniswelt des Anderen getrübt durch seine Werte, seine selektive Wahrnehmung und Aufmerksamkeit, seine Lerngeschichte und (Vor-)Erfahrungen.

Auch haben wir unsere Geschwindigkeit der Selbstentwicklung. Vielleicht ist aus dem Außenblickwinkel heraus etwas zu sehen, was ich selbst (noch) nicht erkennen kann, das aber aktuell von mir erwartet wird. In dem Moment ist die Gefahr groß, dass wir von unserer Umwelt überfordert werden bzw. uns überfordern lassen.

Mit der Tendenz, das Verhalten anderer auf uns zu beziehen, befinden wir uns zu oft auf der Befindlichkeitsebene und bleiben dort haften.

Wenn ich zum Beispiel, während ich einen Vortrag halte, nebenher damit befasst bin, alles, was im Publikum passiert, persönlich zu nehmen und auf mich zu beziehen, dann wäre ich nicht ganz bei meinem Vortrag und könnte mich nicht voll auf das, was ich zu sagen habe, konzentrieren.

In einem größeren Publikum gibt es immer Menschen, die mit sich selbst oder anderen Dingen beschäftigt sind. Manche gähnen oder husten, andere schreiben Textnachrichten oder surfen, wieder andere schauen durch das offene Fenster oder legen sonstige Verhaltensweisen an den Tag, die nur schwer als gebanntes Lauschen zu interpretieren sind. Wenn ich das persönlich nehme, zweifele ich schnell an meiner Arbeit und meinem Beitrag, lasse mich verunsichern und schwächen. Auch übersehe ich dabei all die anderen Personen, die mir aufmerksam zuhören und Interessensfragen stellen.

Oft gibt es dabei unbewusst eine in uns ablaufende Erlebniskette, die vom **Wahrnehmen** zum **Interpretieren** und dann zum **Reagieren** führt, ohne dass ich tatsächlich weiß, was in den Anderen vor sich geht. Das heißt, wir fragen dann nicht, glauben aber zu wissen, was los ist, beziehen das angenommene Verhalten der Anderen auf uns und nehmen ihnen auch damit die Möglichkeit, sich zu erklären. Im schlimmsten Falle geben wir dem Gegenüber dann auch noch die Schuld für unser Verhalten, also unsere (aus unserer Sicht ja verständliche und nachvollziehbare) Reaktion, und nehmen es ihm übel.

Wenn wir die Dinge, die im Außen passieren, nicht zu persönlich nehmen sollten, gilt das auch im Positiven: Wenn wir zum Beispiel gelobt oder positiv hervorgehoben werden, gefällt uns das und wir fühlen uns wohl. Damit geben wir unserer Umwelt eine große Macht über unser Befinden.

Viele Frauen sind bereits überkritisch mit sich selbst und haben kein besonders großes Selbstvertrauen und Selbstbewusstsein. Sie suchen vermeintliche Fehler schnell bei sich.

Dabei sind wir durch positive Rückmeldungen stärker manipulierbar und instrumentalisierbar, als uns bewusst ist. Also frage ich mich besser, ob mich jemand gerade mit seinem Lob oder der Art, wie er mir Honig um den Mund schmiert, dazu bewegen will, etwas Bestimmtes, für ihn selbst Nützliches zu tun.

So wie Lob manipulierend gemeint sein kann, kann umgekehrt eine Kritik durchaus Wohlwollen beabsichtigen. Sie kann aber auch als Zurechtweisung geschehen oder auch oberlehrerhaft geäußert werden, indem der Andere vorgibt, zu wissen, wie die Dinge richtig sind, was man also tut und nicht tut, frei nach dem Motto »Wo *ich* bin, ist *richtig*«.

In jedem Fall müssen wir uns fragen, ob, und wenn ja, welches Eigeninteresse unser Gegenüber im jeweiligen Zusammenhang hat, und erfühlen oder verstehen (auch durch Nachfragen), welche Absicht dahintersteht.

Unser Selbstwertgefühl darf nicht übertrieben daran hängen, wie viel Beachtung, Anerkennung, Zuneigung und positive Rückmeldung wir erhalten. Und wir dürfen uns nicht mit der Frage aufhalten, warum der Andere mir diese Dinge gegebenenfalls sogar vorenthält, denn gerade wenn wir bedürftig sind und nicht gut für uns sorgen, ahnt unser Umfeld den Auftrag der Heilung und Rettung und verweigert sich unbewusst.

Kränkungen und Zurückweisungen können narzisstisch[41] geprägt sein oder so erlebt werden. Damit können sie unser gesamtes Leben bestimmen und dominieren. Das tut weder uns selbst noch dem Anderen gut.

In der Arbeitswelt zum Beispiel sind kontroverse Meinungen nicht persönlich gemeint und selbst wenn, müssen wir es nicht als persönliche Niederlage betrachten, wenn unsere Ideen nicht geteilt werden.

Wenn uns daran liegt, bei allen Kolleginnen und Kollegen beliebt zu sein, dann wird es für uns selbst wie für die Anderen unangemessen anstrengend und es kommt schneller zu persönlichen Verletzungen und Angriffen, die wiederum persönlich »betroffen« machen.

Vor allem dürfen wir uns im Ganzen, also in unserer Gesamtheit als Mensch und menschliches Konstrukt, weder selbst in Frage stellen, noch uns in Frage stellen lassen.

Selbst wenn man wirklich direkt und beabsichtigt beleidigt oder angegriffen wird, muss man die Tatsache selbst nicht persönlich nehmen. Allerdings sollte man den Angriff und den Umgang damit zu einer »persönlichen Sache« machen, indem man sich darum kümmert, gegebenenfalls den Anderen damit konfrontiert und klare Grenzen zieht.

Auch wenn es uns stärkt, positive Bestätigung von außen zu erhalten, brauchen wir nicht für alles Zustimmung und Verständnis.

Selbstabwertungen und Sabotagemuster

Wir alle haben komplexe Programme in uns, die unbewusst laufen und permanent abgespult werden.

Ich kann mich selbst abwerten, in dem ich persönlich schlecht über mich denke, mich kritisiere und mich auf meine Fehler und Defizite fokussiere.

Es kann sich dabei aber auch um die tendenzielle Bemühung von Frauen handeln, nicht größer zu sein und über den Anderen (zum Beispiel Elternteil, Partner, Freundin) hinauswachsen zu dürfen. Frauen neigen dazu, sich kleiner zu machen, als sie sind, also »eine von den Anderen zu bleiben«, um die Bindung nicht zu gefährden.

Manchmal bemühen wir uns bei einer Präsentation oder in ähnlichen wichtigen Situationen nicht richtig, damit wir uns vom Misserfolg bestätigt fühlen, oder wir haben schon vorher unbewusst dafür gesorgt, dass wir uns ein darauffolgendes Scheitern erklären können, also für uns später eine Art Rechtfertigung finden werden. Das Phänomen der *selbsterfüllenden Prophezeiung* gehört auch in das Spektrum selbstmanipulativen Verhaltens.[42]

Selbstsabotage hat immer einen vermeintlich positiven Aspekt, eine Absicht. Etwas in uns will uns selbst beschützen, uns Enttäuschungen und Schmerz ersparen, verhindert damit aber auch Erfolg, Glück, Freude, Unbeschwertheit und Kreativität.

Indem wir etwas unterlassen oder etwas Destruktives tun, erreichen wir irgendetwas vermeintlich Positives in einem anderen Programm, das uns durch den verdeckten Zugang jedoch nicht bewusst ist und auch, wenn es auf den ersten Blick unlogisch oder paradox erscheint.

Wir müssen uns also fragen, wie wir uns alternativ schützen können, ohne uns dabei selbst zu sabotieren.

Manchmal haben wir aber auch Angst vor dem »ganz großen Wurf« und ein anderes Mal wollen wir bedauert werden oder in Selbstmitleid schwelgen. Wir sorgen unbewusst dafür, dass etwas nicht klappt und begeben uns in Gefühlswelten, die zwar unangenehm, uns aber sehr vertraut sind.

Manchmal zeigen sich unsere destruktiven Muster aber auch in Form von Nebenschauplätzen, die wir bereitwillig eröffnen, und anderen Ablenkungsmanövern.

In jedem Fall ist Selbstsabotage immer ein Stein, den ich mir selbst in den Weg lege. Deshalb kann auch nur ich ihn aufheben und beiseite räumen oder beim nächsten Mal verhindern, dass er überhaupt im Weg ist.

Manchmal schieben wir auch gerne etwas auf andere, zum Beispiel auf Regeln, die wir zu Hause gelernt haben, auf Ansichten unserer Liebsten oder auf bestimmte Umstände.

Wir fragen uns also:

➔ Was hindert mich daran, etwas Bestimmtes zu tun?
  Was befürchte ich, wenn ich es tue?

> → Was denke ich, bevor ich an etwas Neues (eine Herausforderung, Aufgabe, Veränderung) herangehe, und wie schwächt mich dieser Gedanke?
> → Welche Minderwertigkeitsgefühle werden mit meinem aktuell destruktiven Verhalten bedient?

Es gibt interne und externe Abwertungen. Wenn ich mir dauernd selbst etwas vorwerfe oder zermürbende Gedanken mich bestimmen, dann bin ich in der Eigenabwertung. Manchmal habe ich mir, ganz meinem Drama folgend, auch zusätzlich im Außen jemanden gesucht, der das Muster meiner inneren Abwertungen übernimmt und bedient oder zumindest verstärkt.

Da bei Frauen, wie zuvor beschrieben, das Thema Macht oft negativ besetzt ist, sabotieren sie auch ihren eigenen Erfolg und bleiben damit eingereiht, ohne aus dem Rahmen zu fallen, in ihrer Position stecken.

Der Wunsch, verstanden zu werden

Neben dem Wunsch, andere zu verstehen, haben Frauen eine große Sehnsucht danach, dass sie selbst verstanden werden. Aus diesem Wunsch und Bedürfnis heraus haben sie die Tendenz, sich zu erklären in der Hoffnung, dass andere an ihnen Anteil nehmen, sie besser nachvollziehen und kennenlernen, um (als Ziel) beim nächsten Mal (ihnen) angemessen zu agieren. Das heißt, hier besteht das Bedürfnis nach einer Verbesserung der Beziehung im Interesse der jeweiligen Frau.

Dieses setzt wiederum voraus, dass die anderen überhaupt bereit dazu sind. »Gesagt zu haben« heißt also noch lange nicht, gehört worden zu sein, und »gehört worden zu sein« heißt noch lange nicht, auch verstanden worden zu sein.

Jedenfalls sind große Erwartungen an die Anderen geknüpft und damit kommt es wiederholt zu einer unglücklichen Konstellation oder gar zu einseitigen Regeln, Vereinbarungen, Verträgen, die in letzter Konsequenz zu ›Ent-Täuschungen‹ führen.

Auch ein schlechtes Gewissen spielt bei Frauen dabei vermehrt eine Rolle, das einhergeht mit lähmenden Schuldgefühlen und Selbstvorwürfen: Ich muss mir nur noch mehr Mühe geben, verstanden zu werden. Oder war ich selbst nicht fürsorglich und umsichtig genug mit den Anderen?

Es liegt an mir – meldet sich eine richterliche Instanz in uns.

Ein schlechtes Gewissen haben wir schnell, weil wir es allen recht machen und allem gerecht werden wollen.

Wenn uns das Gewissen lange genug geplagt hat und wir uns mühsam befreien konnten von Selbstgesprächen und dem destruktiven Kopfkino, können wir alternativ dazu übergehen, anderen ein schlechtes Gewissen einzureden oder sie mit Vorwürfen zu belagern. Auch diese Tendenz findet sich häufig, wenn man ehrlich auf die eigenen Verhaltensweisen schaut.

Der Wunsch, verstanden zu werden, beinhaltet meistens noch weitere Wünsche, etwa den, gesehen und gehört zu werden. Da Frauen eine ausgeprägte Kommunikationsgabe besitzen, die sie auch bei anderen voraussetzen, neigen sie dazu, gerade männliche Partner (oder den Chef) in der Kommunikation zu überfordern. Manche erliegt dabei dem Versuch, einem Mann Gespräche abzuverlangen, denen er nicht (mehr) folgen kann oder folgen will.

Nicht jede Erklärung oder jedes Gespräch hat noch klärenden Charakter und oftmals wird dadurch das Ziel verfälscht.

Vor allem Rechtfertigungen, die Übernahme von Teilverantwortung oder Schuldzugeständnisse sind oft bei Frauen mit dem Wunsch gepaart, der Andere möge auch seinen Anteil sehen und übernehmen. Sie führen jedoch nicht zum Erfolg.

Manchmal reichen klare Aussagen oder Anweisungen, die unmissverständlich eine Botschaft zum Ausdruck bringen und in die Zukunft gerichtet dazu führen, dass es nicht mehr zu dieser Art von Missverständnissen oder Unverständnis kommt.

Es geht nicht wirklich immer darum, von anderen verstanden zu werden, auch wenn dies eine schöne und legitime Vorstellung ist. Letztlich ist es entscheidender, geachtet und respektiert zu werden.

Und noch entscheidender ist es, das wir uns selbst verstehen, uns annehmen und weiterentwickeln.

Aus einem tiefen Eigenverständnis heraus müssen wir interne (Zwie-)Gespräche entwickeln, damit wir im Modus bleiben und dafür sorgen, uns jederzeit selbst zugänglich zu sein und uns selbst zu verstehen. Wenn wir alle Anteile in uns zur Verständigung bewegen und ein gemeinsames Verständnis entwickeln, können wir eine Sprache finden, die zu Erfolg führt.

Fünftes D: DAS nehme ich mit

Wenn man sich auf eine Reise begibt, packt man seinen Koffer. Es gibt verschiedene Arten, ihn zu packen. Manche Menschen erledigen dies eher chaotisch oder im Gegenteil routiniert auf den letzten Drücker, manche machen sich Wochen vorher Listen, auf denen alles steht, was eingepackt und noch berücksichtigt werden muss.

Bevor berufstätige Mütter auf Dienstreise gehen, vollbringen sie meist logistische Meisterleistungen. Alle Eventualitäten, potenziellen Katastrophen und Abläufe werden im Vorfeld durchdacht und für jeden eintretenden Fall ein Szenario mit Lösungen durchgespielt.

Die anderen versorgt zu wissen ist gut, aber noch beruhigender ist es, wenn man es schafft, sich entbehrlich zu machen, wenn es um die Grundversorgung und Organisation geht. Denn Zutrauen schafft Vertrauen und die anderen können in ihre verantwortungsvolle Aufgabe nur dann hineinwachsen, wenn man ihnen Raum dazu gibt.

Auch Kinder sind anfällig für den Gemütszustand ihrer Eltern, insbesondere dem im Alltag betreuenden Elternteil gegenüber, was meist die Frau ist. Somit übertragen sich Sorgen, Ängste und Unsicherheiten auf das ganze System und treffen dort wiederum auf ein Feld von sich (gegebenenfalls negativ) auftuenden Möglichkeiten. Hilflosigkeit des persönlichen Umfeldes kann hiermit erst recht entstehen.

Je mehr man seine nächste Umgebung stärkt und seine Sorgen loslässt, desto unbeschwerter und entspannter kann man die Reise antreten.

Auf unserer speziellen Tour, dem weiblichen Erfolgspfad, geht es um *Ihre* Reise und nur darum, was Sie für Ihren Erfolg wirklich einpacken und mitnehmen möchten im Hinblick darauf, was für den Erfolgspfad wichtig ist.

An oberster Stelle sollten sowohl **Lust** als auch **Spaß** stehen.

Machen wir uns noch einmal ganz bewusst, aus welcher Absicht und **Motivation** heraus wir diesen Pfad überhaupt beschreiten und worauf wir uns am Ende freuen.

Wichtig ist hierbei die **Erfolgsabsicht.** Wie bei einer echten Reise, stelle mich also auch tatsächlich darauf ein, dass der Weg mir gelingen wird, die Reise schön wird und ich tatsächlich an meinem Ziel ankomme. Der Pfad fordert mich aber auch heraus und je nachdem, wie meine Einstellung dazu ist, wird sich der Weg ebnen oder ein mühevoller werden.

Denke ich also, der Weg wird hart und steinig, so wird genau das eintreffen. Denke ich, dass der Weg genau der richtige ist und sich deshalb alle Türen wie von selbst öffnen, dann bin ich sorgloser, angstfreier und unbesetzter auf meiner Reise.

Ein langer Atem, Geduld und Hartnäckigkeit bzw. Beharrlichkeit helfen uns, durchzuhalten – verbunden mit der Frage, wie ich mich selbst motiviere, wenn ich aufgeben will.

Leidenschaft und Hingabe gehören mit auf den Weg und bestimmen darüber, wie stark ich mich einsetze und wie emotional berührt und eingebunden ich persönlich bin.

Ich muss an das glauben, was ich anstrebe, mich dem neuen Weg ganz hingeben und für die Sache brennen.

Checkliste Verantwortung

✓ Ich mache mich frei von den unglücklichen oder nicht ganz passenden Umständen meines Lebens. Diese haben mich geprägt, sind aber nicht mein ganzes ICH und ich muss nicht festhalten an alten Umständen, die ich heute verändern kann, um damit für ein besseres Morgen zu sorgen.

✓ Ich übernehme die volle Verantwortung für mein Handeln, für meine Wünsche, Ziele und Bedürfnisse.

✓ Ich muss mich nicht beweisen und kämpfe nicht.

✓ Ich weiß, was richtig für mich ist und stelle mich den Dingen, die sich mir zeigen möchten.

✓ Ich gebe die Richtung vor und bestimme darüber, was passiert, höre aber auf meine inneren Stimmen und auf wertvolle Impulse von außen.

✓ Ich verhalte mich erwachsen und sorge gut für mich und meinen Weg. Widerstände von außen nehme ich wahr, lasse mich aber nicht vom Weg abbringen.

✓ Ich bin bereit, Entscheidungen zu treffen, die wiederum zu Erfahrungen führen, und übernehme die volle Verantwortung für die sich daraus ergebenden Konsequenzen.

✓ Ich mache niemandem Vorwürfe für meine Gefühle und übernehme nicht die Verantwortung für die Gefühle anderer.

✓ Ich lasse auch die Menschen um mich herum in ihre Verantwortung gehen, kontrolliere sie nicht weiter und übernehme nicht alles für sie.

Verantwortung zu übernehmen heißt auch Selbstverpflichtung sich selbst gegenüber, also für sich selbst die Verantwortung zu tragen und für Fehler geradezustehen.

Voller **Tatendrang und Disziplin** gehe ich an die definierten
Schritte und Maßnahmen und verfolge pflichtbewusst mir selbst
gegenüber die einmal verabschiedeten Ziele.
Ich lebe authentisch und ganz echt und ehrlich meine neu er-
kannte **Wahrhaftigkeit**. Das unterscheidet den neuen Weg von
alten Herangehensweisen und lässt mich erfolgreich sein.
Nur wenn ein Vorhaben bestimmte **Visionen und Ziele** verfolgt und natürlich auch ableitend in konkrete Maßnahmen
fließt, bin ich ernsthaft bei der Sache und gut vorbereitet.
Ich frage mich also nach diesem Fragenschema:

1) Erwartungsabgleich, persönliche Absicht:
   → Was ist meine Erwartung an meinen Erfolgspfad?
   → Gibt es einen Auslöser dafür, dass ich mich
     heute dem Thema stelle?
   → Was ist meine Hauptmotivation zur Veränderung?
   → Welches übergeordnete Ziel / Interesse verfolge
     ich?

2) Innere Haltung/Einstellung:
   → Was ist meine innere Haltung / Einstellung?
   → Was sind meine Befürchtungen / Ängste? Wo sehe
     ich Grenzen und warum?

3) Ziele und Visionen:
   → Was sind die Hauptziele meines Vorhabens?
   → Welche Vision verfolge ich?
   → Was soll Sinn und Zweck des Vorhabens sein?
   → Gibt es eine konkrete Philosophie oder Strate-
     gie dahinter?
   → Welche Vorstellungen habe ich und was verspre-
     che ich mir von einer Änderung?
   → Was genau will ich an dem jetzigen Zustand än-
     dern und was genau soll erreicht werden?

> → Was sind Zwischenziele (kurz-/mittel-/lang-
> fristig)?
>
> → Was verspreche ich mir von einer Änderung?
>
> 4) Konkreter Plan:
> → Was soll genau umgesetzt werden?
> → Woran erkenne ich Erfolge?
> → Wo möchte ich anfangen?

Sechstes D: DAS ziehe ich an

Das Anziehen ist von je her im eigentlichen Sinne und auch im übertragenen Sinne ein Thema, das Frauen umtreibt.

Schon kleine Mädchen beschäftigen sich – natürlich abhängig von Sozialisation, kultureller Prägung, Gesellschaft, Geschichte etc., – mit Kleidern und haben zum Beispiel »Anziehpuppen«. Wir entwickeln schon früh eine Vorstellung davon, was wir anziehen wollen, befassen uns mit Schnitten und Farben und lernen auch die Wirkung dessen kennen, wie wir uns präsentieren und anziehen. Ganz ihrer Wirkung sicher, stolzieren die kleinen Damen umher – und genießen das positive Feedback.

Später, spätestens im Berufsleben, gewöhnen wir es uns meistens ab, uns ›damenhaft‹ zu kleiden und zu benehmen. Das Geschäftsleben badet uns in seiner Einheits-Soße aus dunklen Anzügen und traurigen grauen Kostümen. Oft ist es lediglich die Krawatte, die den Mann von der Frau unterscheidet, die wiederum – als weibliches Accessoire und Pendant – dafür gern zum kleinen, mehr oder weniger bunten Halstüchlein greift.

Wir haben die Vorstellung, dass uns frauenhafte Kleidung verrät. Um nicht aufzufallen, nicht zu provozieren, ja, um überhaupt in die Businesswelt einsteigen zu können, glauben wir, dass es uns die Einheitskleidung erleichtern wird, als einer der Businessmenschen zu gelten.

In den Chefinnen-Etagen gibt es ihn wieder: den Mut, sich feminin und individuell zu kleiden. Es ist ein kleiner Trend, dennoch ein unübersehbarer Anfang.

Anziehen hat aber auch noch eine andere Bedeutung: »Anziehend zu sein« bedeutet, wie ein Magnet Blicke und Aufmerksamkeit auf sich zu ziehen. Wenn wir Erfolge erzielen wollen, hilft es, dass wir anziehend sind und Menschen zu uns hinziehen können; dass uns etwas Interessantes, Attraktives umgibt – ein gewinnender Auftritt, der die Anderen neugierig macht.

Wir können uns fragen:

> → Wen oder was ziehe ich an?
> → Sich seiner Wirkung bewusst zu werden bedeutet
>   auch, zurückzuschauen und bisherige Muster zu ent-
>   decken:
>   – Was hat bisher meinen Stil beeinflusst? Warum
>   ziehe ich mich so und nicht anders an? Welche
>   Kleidung verbinde ich mit Erfolg?
>   – Welche Menschen habe ich bisher angezogen? Wer
>   ist gerne in meiner Nähe? Tun mir genau diese Men-
>   schen gut? Stärken oder schwächen sie mich? Was
>   tue ich aktiv (wenn auch unbewusst), dass ich
>   Menschen anziehe, die es nicht gut mit mir meinen?
>   Welchen inneren Zweifel/Anteil bedienen diese in
>   der Projektion?
> → Was zieht mich selbst an? Welche Menschen schaffen
>   es, mich in ihren Bann zu ziehen? Wen oder was
>   finde ich anziehend, attraktiv? Welche Menschen
>   bewundere ich für was?

Kleidung steht auch dafür, etwas »anzulegen« in dem Sinne, dass wir uns etwas »überziehen« als eine Art Schutz. Wir schützen uns mit Kleidung fast wie mit einer Rüstung, die angelegt wird. »Sich warm anziehen« geht als Redewendung in eine ähnliche Richtung und soll uns »rüsten« gegen Kälte bzw. einen Angriff, in jedem Falle liegt etwas Unangenehmes dabei vor uns.

Und statt »etwas übergestülpt zu bekommen«, sollten wir mit unserer Kleidung etwas Angenehmes verbinden, uns ganz wohlfühlen »in unserer Haut« und etwas »Passgenaues« anziehen. Wir sollten uns Kleidung »zu eigen machen« und sie bewusst wählen in einer Art, die uns in unserer Einzigartigkeit unterstreicht.

Sich »anzuziehen« kann neben der eigentlichen Bedeutung ein Synonym auch dafür sein, das wir uns anziehend finden und zwischen Weiblichem und Männlichem gute Synergien und gemeinsame Kräfte entstehen.

Man kann aber auch »anziehen« (»Der zieht aber an!«) in dem Sinne, dass man Gas gibt oder im Gegenteil mit »angezogener Handbremse« unterwegs sein.

Frauen ziehen oft auch Dinge an sich und übernehmen bereitwillig Verantwortung.

Der Anziehprozess im Sinne des weiblichen Erfolgspfades soll hier also zusammenfassend als ein Symbol dafür gelten, dass wir uns bewusst machen, wie wir unterwegs sind und uns präsentieren auf unserem Pfad.

Ob es uns gefällt oder nicht: Besonders bei Frauen wird sehr genau hingesehen, wie und mit was sie sich präsentieren. Gerade deshalb liegt darin aber auch eine große Chance, die wir nutzen sollten, indem wir uns in unserer Weiblichkeit zeigen, unsere Weichheit ausdrücken, aber zugleich den Erfolgsaspekt mit einbringen. Dabei können wir uns anpassen, wo es dienlich ist, verlieren aber nicht unseren individuellen Pfad, der uns ganz persönlich ausdrückt und voranbringt.

Zu unserem Auftreten gehört auch ganz konkret unser eigener

Stil: ein Wiedererkennungszeichen, auf das sich die Anderen verlassen können und das unsere Nacktheit umhüllt wie eine zweite Haut. Etwas, in dem wir weiblich, durchaus auch damenhaft und elegant auftreten auftreten und unsere Persönlichkeit und unseren Kern besonders gut zum Ausdruck bringen können.

Bei Frauen ist die Variantenvielfalt rund um den »Dresscode« im Berufsleben deutlich höher. Bei geschäftlichen Anlässen sollte man angemessene, gepflegte und gut sitzende Kleidung tragen und Wert legen auf ein angenehmes Auftreten. Dazu gehören auch die Frisur und eine gute Körperhaltung. Eine Körperhaltung, die vor allem in wichtigen Situationen (Verhandlungen, Konferenzen/Tagungen, Teammeetings, Präsentationen ...) weibliche Präsenz, Kraft, Klarheit und entsprechendes Selbstbewusstsein ausdrückt, denn Ausstrahlung hängt viel mit »sich wohlfühlen« zusammen. Auch Schuhe lassen viele Rückschlüsse zu. Sie sagen etwas über die Persönlichkeit aus, darüber, wie wir sind, wer wir sind oder wie wir gerne wären, und auch die jeweiligen Berufsgruppen tragen zumeist unterschiedliche Schuhe (Bauarbeiter, Künstler, Geschäftsleute ...).

Mit der Art ihrer Fußbekleidung können gerade Frauen ein Statement und damit *den* Unterschied machen. Der Pumps zum Beispiel ist als eleganter weiblicher Business-Schuh anerkannt und kann als *das* Unterscheidungsmerkmal genutzt werden. Als modisches Kultobjekt, dessen Ursprünge bis weit in die europäische Geschichte zurückreichen, hat er sich im Laufe der Jahrhunderte zum Inbegriff weiblicher Sinnlichkeit entwickelt. Ob mit Absatz oder ohne: Ein gut geschnittener Schuh ist nicht nur Accessoire, sondern Ausdruck von Weiblichkeit, Stil und Eleganz. Ausgewählte passgenaue Farben, edles Material und immer wieder neue Modellvarianten unterstreichen die individuelle Note, auf die eine Frau nicht verzichten sollte.

Weiblichkeit ist Ausdruck eines Gefühls, einer Überzeugung, einer Körperhaltung, einer in uns verborgenen Kraft und spiegelt die innere Einstellung wieder.

Finden Sie zu sich und einer neuen Identität, zuerst im Inneren, dann im Äußeren. Machen Sie ein Foto von sich vor dem Prozess, um den Ist-Zustand festzuhalten. Entscheiden Sie dann neu und visualisieren Sie den Soll-Zustand möglichst genau. Und am Ende des Prozesses machen Sie erneut ein Foto – und dann staunen Sie über sich selbst ...

Handlung

Wir haben uns gut vorbereitet und müssten nun in die Aktivität gehen und materialisieren, was wir vorhaben.

In der Handlungsphase kommt es darauf an, aktiv und eigeninitiativ zu werden, sich für sich selbst einzusetzen, etwas »in Gang« zu setzen, zu handeln und umzusetzen.

Die Risiken

Auf dem Pfad könnte es verschiedenerlei Stolpersteine geben.

Fragen Sie sich deshalb:

➜ Habe ich bereits eine Ahnung davon, welche das sein könnten und an welcher Stelle sie liegen?

➜ Könnte es Verhinderer meines Vorhabens geben? Wer könnte meinen Pfad boykottieren? Was kann ich tun, um das wiederum zu verhindern oder, sobald der Boykott auftaucht, wie werde ich damit umgehen?

➜ Welche Unsicherheiten sehe ich bereits auf mich zukommen? Welche Ängste, Sorgen und Gedanken bereiten mir schon jetzt Unbehagen?

➜ Wie werde ich selbst mein Vorhaben boykottieren?

➜ Habe ich mich einmal mit meinen ›Inneren Stimmen‹ oder Anteilen beschäftigt?

Der innere Kritiker oder Zweifler kommt gerne zum Vorschein, wenn es ans »Anpacken« geht und Sie ernsthaft in Richtung

Veränderung drängen. Je mehr Sie erahnen, was passieren wird, desto sicherer und selbstbewusster können Sie die ersten Schritte gehen.

Es könnte natürlich auch ein Faulpelz auf den Spielplan treten, ein träger Anteil, der an Altem festhält und nicht so viel Aufregung verträgt, oder der (innere) Schweinehund, der nur mit Disziplin und Ausdauer zu überwinden ist. Ein Verhinderer könnte auch der Perfektionist sein, der viel Aufmerksamkeit braucht und den Sie mit solchen Aufgaben auslasten sollten, für die sorgfältiges Überprüfen und Arbeiten wichtig und gut ist.

Wenn wir uns aus unserer Komfortzone hinausbewegen, wird der innere Boykott sich in irgendeiner Weise bemerkbar machen.

Von Irrwegen und anderen Irritationen

Irrwege lauern, wenn ich orientierungslos bin oder mich so fühle. Woran kann ich überhaupt erkennen, dass ich meinen Pfad verlasse oder mich auf Irrwegen befinde?

Wenn wir uns auf einem Irrweg befinden, sind wir im Irrtum. Immerhin ist ein Irrweg kein Irrgarten, sondern leichter zu durchschauen. Wir können zum Beispiel innehalten und uns wieder orientieren, konzentrieren, auf uns besinnen. Wir können wie in einem Irrgarten umkehren und den ursprünglichen Pfad wieder aufnehmen. Anders als dort können wir aber flexibel und offen für eine kleine Extratour sein, bei der manchmal besonders wichtige und spannende Botschaften auf uns warten. Eine interessante Kombination ist es, der Abenteurerin in uns zu gestatten, sich auch einmal zu verirren, um etwas zu verstehen, zu erleben, zu fühlen, was uns sonst entgangen wäre. Es bringt uns auch wieder darauf, was wir ursprünglich gesucht hatten, und kann dieses Vorhaben bestärken oder aber in Frage stellen. Wenn wir dies bewusst tun, ist es völlig in Ordnung. Einzig wichtig ist dabei, den Mut aufzubringen, uns einzugestehen, dass wir uns **verlaufen/verrannt** haben, ohne lange mit uns zu hadern und nach dem Warum zu fragen.

Bei **Umwegen** verhält es sich ähnlich. Umwege stellen, anders als der Irrweg, eine Abweichung vo der kürzesten Strecke dar, führen aber letztendlich in Richtung des Zieles.

Wir können dabei Neues entdecken, wir können entschleunigen. Wir können uns einlassen auf ein Mehr an Weg, das uns aber wieder zurückbringt auf unseren eigentlichen Pfad, ihn sogar vielleicht bereichert. Wir können lernen, auch Umwege zu genießen und besonders gut im Moment zu sein mit all unseren Sinnen.

Sollten wir auf dem Weg **Umkehrtendenzen** haben, müssen wir diesen widerstehen. Die Verführung, zum Vertrauten zurückzukehren, erwächst aus der Angst. Ein bewusster Schritt zurück kann in solchen Momenten zu einem guten Abstand verhelfen und zu neuem Schwung führen. Bewusste Pausen können dieser Tendenz Einhalt gewähren, vor allem wenn es sich um Muster aus dem bisherigen Leben handelt, die uns zurückrufen.

Abkürzungen entpuppen sich nicht immer als solche. Wenn wir wortwörtlich etwas abkürzen, wollen wir meist schneller am Ende bzw. Ziel sein. Es besteht jedoch die Gefahr, etwas wegzulassen und Wichtiges zu übersehen.

Abkürzungen werden beispielsweise im Schriftverkehr zunehmend anerkannt. Aber in bestimmten Situationen ist und bleibt es unhöflich und unangemessen, abzukürzen. Wir sollten also nicht unhöflich zu uns selbst sein und uns die Zeit geben, die wir für unseren Pfad brauchen.

Nur weil man eine scheinbare Abkürzung genommen hat, heißt das nicht zwingend, dass man wirklich vorangekommen wäre oder Entwicklungen entsprechend verarbeiten konnte. Wir haben querfeldein nicht immer einen Vorsprung. Bei Spielen, Sport, Wettkampf ist das Abkürzen sogar unerwünscht und gilt als unfair und unsportlich.

Entpuppt sich die Abkürzung, auf den Pfad bezogen, als Trugschluss, so muss man am Ende vielleicht sogar einen komplizierteren und längeren Weg in Kauf nehmen.

Ablenkungen sind kleine Wegweiser unserer inneren Antreiber, die uns warnen oder aber ernsthaft vom Weg abbringen wollen.

Wir lenken uns manchmal ab, wenn wir eine Situation nicht mehr aushalten können. Wenn wir abgelenkt sind, verlassen wir die Angelegenheit, in der wir uns gerade befinden, in jedem Fall für einen Augenblick oder längere Zeit.

Manchmal dient die Ablenkung der Entspannung. Gelegentlich sind aber auch aufwändige Manöver und Täuschungen im Spiel, mit denen wir uns selbst überlisten.

Eine weitere Variante der Irritationen, die uns auf unserem Weg zustoßen könnten, ist das **Im-Kreis-Gehen.**

Ohne äußere Orientierungspunkte können Menschen nicht geradeaus gehen. Irgendwann laufen sie dann im Kreis. Doch je mehr wir »bei Sinnen« sind, desto weniger laufen wir Gefahr, im Kreise zu gehen.

Anhaltspunkte, Wegweiser, Orientierungshilfen unterstützen uns, um das zu verhindern oder es wenigstens frühzeitig zu merken. Manchmal, wenn es nur eine kurze Phase ist, kommen wir aber auch durch das im Kreis Gehen zur Ruhe und zu uns.

Im Allgemeinen wird davon ausgegangen, dass wir, wenn wir uns im Kreise drehen, keine Fortschritte machen und nicht vorwärts kommen – was nicht ganz zutrifft, denn wenn wir unsere Wahrnehmung schärfen und bei jedem Kreis andere Aspekte beobachten, haben wir etwas dazu gelernt. Der Kreis hat sich dann als Spirale erwiesen.

Oftmals ist die unbewusste Strategie, im Kreis zu laufen, aber eine Vermeidung und wir können uns nach dem Grund befragen.

Man spricht auch davon, »eine Ehrenrunde zu drehen«. Dieses Sprichwort bezieht sich ironischerweise ebenso auf den Sieger, der sich von den Zuschauern feiern lässt, wie auf einen sitzengebliebenen Schüler.

Wir können uns auch gedanklich im Kreise drehen. Sobald wir aber aus der Vogelperspektive auf die Denkerin schauen, verändert sich unsere Bewusstseinsebene und wir haben eine Chance, aus dem Gedankenkarussell herauszufinden. Der Kreislauf ist damit unterbrochen, dass wir ihn wahrnehmen und anders auf uns schauen.

Ein Vorhaben wird Wirklichkeit

Alles was reflektiert, durchdacht und vorbereitet wurde, vor allem die ›sechs Ds‹, fließt nun strukturiert in einen Plan ein.

Jetzt treffen Sie eine Art Vereinbarung mit sich selbst, die zu einer Selbstverpflichtung führt. Setzen Sie dafür ein offizielles Schreiben auf, ähnlich einem Projektplan, den Sie mit Datum versehen und unterschreiben:

```
Mein weiblicher Erfolgspfad

Name:

Datum:

Projektname:

Projektinhalt:

Meine Motivation:

Meine Vision:

Mein Ziel:

Mein Projektplan im Überblick:
(auch erste Schritte, was / bis wann / wie mit Zeit-
schiene und Kennzeichnung der kritischen Stellen)
```

Visualisieren Sie jetzt Ihren weiblichen Erfolgspfad.

Gehen Sie ihn im Geiste durch:

- Mit welcher Absicht und Haltung gehe ich wohin?
- Welche Spur(en) möchte ich hinterlassen?
- Was bringe ich mit?

Sie können hierzu auch eine Meditationsübung machen, indem Sie zunächst die Augen schließen und mehrfach tief ein- und ausatmen. Erst wenn Sie Ruhe in sich spüren, stellen Sie sich bitte vor, dass der Pfad bereits vor Ihnen liegt und nur auf Sie gewartet hat.

Sehen, fühlen und erleben Sie Ihren Pfad.

- Wie sieht er aus? In welcher Umgebung befinden Sie sich?
- Welche Blumen blühen am Rand?
- Sind Menschen um Sie herum?
- Wohin führt der Weg?

Sehen Sie sich die verschiedenen Wege und Risiken, die vor Ihnen liegen, genau an. Und nun entscheiden Sie sich ganz bewusst für *Ihren* weiblichen Erfolgspfad. Prägen Sie ihn sich gut ein und erkennen Sie, was Ihre erste Aufgabe, der erste Schritt ist.

Überprüfen Sie, ob Sie *mit allen Sinnen* (statt *von* allen Sinnen) dabei sind. Achten Sie auch auf die sich Ihnen bietenden Zeichen und Chancen. (Hierzu gehören auch innere Impulse.)

Statt einer Mediationsübung können Sie sich auch in der Natur einen echten Pfad suchen, der den Ihren symbolisiert.

Zunächst fotografieren Sie diesen Pfad so, wie er ist. Dann lassen Sie selbst sich auf diesem Pfad fotografieren.

Damit ist auf kreative Weise der erste Schritt getan. Sie haben damit etwas zugrunde gelegt auf Ihrem Weg. Er ist nicht länger eine Vorstellung, etwas das sich (noch) weit weg befindet.

Den ausgearbeiteten Plan gilt es noch einmal im Sinne eines »**Reality checks**« zu überprüfen:

- ✓ Erfolgsfaktoren und Kriterien (Messbarkeit / Überprüfbarkeit und Evaluation)
- ✓ Durchhaltevermögen und Disziplin
- ✓ Zeit und gegebenenfalls Budget
- ✓ Begleiter meines Vorhabens (Mentorinnen, Sponsoren, Multiplikatoren)
- ✓ Veränderungsbereitschaft
- ✓ Meine persönlichen Rahmenbedingungen
- ✓ Meine Schwachstellen
- ✓ Identifikation von Risiken
- ✓ Abschätzung von hemmenden Kräften
- ✓ Wegweiser und Meilensteine
- ✓ Sich gegenseitig bedingende Aktivitäten

- ✓ Reihenfolge festlegen

- ✓ Kraftquellen
- ✓ Machbarkeit versus Vorstellungen
- ✓ Äußeres Erscheinungsbild, Auftreten, Image

Dann gehen Sie wohlbedacht, anmutig und würdevoll den **ersten echten Schritt** ins Tun. Der Erfolg wartet auf Sie. Sie müssen nur gehen.

Ihr erster Schritt sollte ganz bewusst stattfinden. Er soll sicher sein, selbstbewusst, voller fester Absichten und zum richtigen Zeitpunkt.

Aufrechterhaltung

Wie bei allem, was wir verändern wollen oder bereits verändert haben, ist die **Nachhaltigkeit** eine große Herausforderung. Wir fallen gerne in alte und vermeintlich bequeme Muster zurück und haben nicht genug Atem, um bei der angedachten Sache zu bleiben, bis der Erfolg so gelungen ist, dass wir der Veränderung ein für alle Male Vertrauen schenken.

Jede Person, die bereits einmal versucht hat, eine alte Angewohnheit (Rauchen, Süßigkeiten essen o.ä.) loszuwerden, weiß, um was es geht. Aus diesem Grund ist es wichtig, dass wir uns vorab sehr gut auseinandergesetzt haben mit unserer Einstellung, unseren Ängsten und Risiken sowie dem Rückfallrisiko.

In der Phase der Aufrechterhaltung zeigt sich, wie ernst wir es meinen, wie diszipliniert und ausdauernd wir sind und ob wir langfristig bei der Stange bleiben bzw. uns (selbst) die Stange halten.

Oft kommt es gerade in dieser Phase zu verstärkten inneren Widerständen, die uns an uns zweifeln und alles in Frage stellen lassen, sich aber auch im Außen zeigen, indem unsere Umwelt gegen unsere Veränderung ankämpft.

Sich aufrecht zu halten hat auch etwas mit Standhaftigkeit zu tun. *Meine Haltung ist aufrecht und ich lasse mich weder verbiegen, noch weiche ich zurück, selbst wenn es zu Erschütterungen, Widrigkeiten oder Frustrationen kommt.*

Um die Aufrechterhaltung möglichst positiv und bemerkbar einzuläuten, können wir uns wichtiger Hilfsmittel bedienen.

Zunächst aber sollten wir uns dafür belohnen, dass wir den Pfad bisher gegangen sind! Es geht darum, stolz sein zu dürfen auf sich und die ganze Arbeit und Leistung, die in Vorbereitung nötig war, um dem Ziel näherzukommen.

Es gilt, auch kleinste erste Erfolge zu würdigen und zu feiern.

Dazu gehört der erste Schritt, ein erstes Feedback oder zum Beispiel die Auswahl einer Mentorin.

Um uns rückzubesinnen und den bisherigen Pfad Revue passieren zu lassen, ist es gut, alles dokumentiert zu haben. Es geht um eine wesentliche Veränderung in unserem Leben, wahrscheinlich sogar um *die* wesentlichste.

Sammeln Sie daher alles, was Sie auf Ihrem Weg begleitet hat. Dokumentieren Sie den Anfang und alles, was wichtig war an Erkenntnissen, Herausforderungen.

Mit Coaching-Methoden können wir wichtige Themen **verankern**, mit denen wir etwas assoziieren, also verknüpfen. Die Theorie und Logik dahinter ist, dass man für »Schwebendes« bzw. Emotionales einen Anker setzt, damit es sich verfestigt und wir immer wieder zurückfinden, weil wir uns erinnern.

Anker haben wir bereits in uns: Es können Lieder sein, die uns an eine Zeit oder Liebschaft erinnern, oder Gerüche, die wir mit Weihnachten in Verbindung bringen, oder ein Andenken an einen tollen Urlaub.

Ein bewusst und richtig gesetzter Anker ist wie ein Knopf, den man installiert und im Bedarfsfall drückt.

Wir können Emotionen und Zustände verankern und diese mit Hilfe von Symbolen, Bildern, Geschichten, Fantasien, Gegenständen, aber auch mit Musik oder einem Duft abrufbar machen. Wir können als Anker ein bestimmtes Körperteil berühren oder ein bestimmtes Wort im Stillen sagen.

Wir verknüpfen also ein Thema mit etwas, das uns daran erinnert. Die Wirksamkeit von Erlerntem und Erlebtem wird auf diese Weise gesteigert, vertieft und für immer gefestigt.

Auch im Autogenen Training wendet man Methoden der Autosuggestion an. Indem wir es üben, unseren Arm zu entspannen, verlinken wir später die Wahrnehmung dieser Entspannung mit dem Arm und einem bestimmten Befehl, einer Formel oder wiederkehrenden Wortfolge, die wir nach einer bestimmten Zeit der kontinuierlichen Übungsphase jederzeit und schnell abrufen können.

Verankerungen können auch in den Tagesablauf integriert werden. Zum Beispiel: Immer wenn ich etwas trinke (oder immer wenn ich den roten Stift ansehe), erinnere ich mich an ... Je strukturierter und disziplinierter Sie auf Ihrem Pfad vorgehen und je mehr Sie das Vorankommen anhand regelmäßiger Übungen und Aufgaben mit Routine in Ihren Alltag integrieren und überprüfen, desto größer wird der sichtbare Erfolg werden.

Im Stadium der Aufrechterhaltung haben wir ja bereits das Alte abgelegt und über einen längeren Zeitpunkt das Angestrebte angewandt, dabei das Vorteilhafte, Positive erlebt.

Als **Affirmation** könnte zum Beispiel ein folgender Satz dienlich sein: »**Ich glaube an mich und meinen Pfad.**«

Weitere Methoden, die in der Phase der Aufrechterhaltung dienlich sind, insbesondere wenn Widerstände und Ängste auftauchen, sind nachfolgend beispielhaft in Kürze aufgeführt:

1) Übungen zum sogenannten »**Gedankenstopp**«:
Wenn Sie merken, dass Sie in Ihren negativen Gedanken gefangen sind, haben Sie mit der »Gedankenstopp«-Übung eine Möglichkeit, den Kreislauf zu unterbrechen und sich daraus zu befreien:

1. Atmen Sie bewusst langsam ein und wieder aus.
2. Lassen Sie dabei Ihre Schultern nach unten sinken und entspannen Sie Ihre Hände.
3. Atmen Sie noch einmal tief ein und aus und achten Sie darauf, dass sich Ihr Mundraum locker anfühlt.
4. Öffnen Sie Ihre Lippen leicht und pressen Sie die Lippen nicht zusammen.
5. Wenn Sie merken, dass sich negative Gedanken in Ihnen ausbreiten, sagen Sie zu sich selbst ein klares und deutliches »STOPP!«

6. Machen Sie noch einige tiefe Atemzüge und beenden Sie dann diese Übung.

Indem Sie sich ein STOPP zurufen, unterbrechen Sie den Gedankengang erst einmal. Natürlich würden die Gedanken sofort wiederkommen, wenn Sie jetzt nichts unternehmen. Deshalb ist es wichtig, dass Sie sich nach dem STOPP bewusst und ruckartig etwas anderem zuwenden. Oder Sie wenden die Strategie des *Gedankenersatzes* an, um die negativen Gedanken oder Ängste »wegzudenken«. Wir sind in einem gewissen Maße fähig, unsere Vorstellungen und Gedanken zu steuern und zu kontrollieren, z.B. indem wir uns an angenehme Situationen und Erlebnisse erinnern, sozusagen als positive Ersatzvorstellung. Hierbei gilt: Je stärker die positiven Gefühle mit dem Erlebnis in Verbindung stehen, desto besser gelingt die Abwendung von der negativen Energie.

2) **Positives Denken** mit dem Ziel: Neutralisierung der negativen Gedanken, Verinnerlichung der positiven Kognitionen, Emotionen, Verhaltensweisen, Eigenschaften.

Die Methode »Positives Denken« zielt im Kern darauf ab, durch konstante positive Beeinflussung der Gedanken eine für das Vorhaben dauerhaft konstruktive und optimistische Grundhaltung zu erreichen, infolge deren die Zielerreichung eher glücken wird.

3) **Negative und positive Selbstgespräche** mit dem Ziel, sich positiv zu beeinflussen bzw. negative Selbstgespräche zu erkennen und Bewertungen umzuwandeln.

4) **Selbstinstruieren:** Man fordert sich auf, ungünstige Bedingungen zu verändern, indem man andere Handlungen einsetzt.

5) **Selbstermunterung,** in dem ich mir zum Beispiel sage: »Ich habe die Situation im Griff« oder »ich werde es schaffen«.

6) **Positive Selbstverstärkung,** indem man sich selbst auf die Ausrichtung eines zuvor festgelegten Zielverhaltens einen positiven Verstärker setzt, zum Beispiel sich immer dann lobt, wenn etwas in Richtung des Zieles geht oder man etwas hierfür geleistet hat.

7) **»Einfaches«** Umstrukturieren: Aus dem Satz »Ich verliere immer« wird: »Ich habe mehrfach verloren, jetzt habe ich daraus gelernt und gewinne«. Oder man stellt sich vor, jemand anderes zu sein, der das Problem bereits gelöst hat. Hierbei erweitert man seinen Blick um die Lösungsansätze anderer Personen, die als Modell für eine bestimmte Fragestellung herangezogen werden können, wenn man selbst nicht weiterkommt.

8) **Kognitives ABC-Modell und Umbewertung:** Manchmal ist es durchaus hilfreich, den Ursprung unserer negativen Gefühle oder Gedanken zu eruieren. In diesem Fall kann die ABC-Methode unterstützen. Die auslösende Situation, die Gedanken darüber und die emotionalen und Verhaltenskonsequenzen die daraus folgen, werden differenziert und der Zusammenhang zwischen ihnen (nämlich unserer Bewertung und Interpretation von Situationen) herausgearbeitet. Indem wir diese Mechanismen kennenlernen, können wir sie unterbrechen oder zumindest überprüfen und Situationen umbewerten.

9) **Wiederholtes Vorstellen des schlechtesten bzw. ungünstigsten Falles:** Wenn auf dem Pfad wiederholt eine Erwartungsangst auftaucht, die sich auf in der Zukunft auftretende Situationen bezieht und damit das Vorankommen blockiert, kann es helfen, das »*Worst-case-Szenario*« öfter durchzuspielen. Man stellt sich wiederholt die Angst auslösende Situation und Problematik vor in verschiedenen Varianten bis zum Super-Gau, also dem schlimmsten anzunehmenden Fall. Sofern die Vorstellungskraft reicht und lange genug gehalten wird, stellt sich meistens eine Abschwächung oder gar Überwindung der Angst ein.

10) **Das Sechs-Schritte-Focusing als körperliche Wahrnehmungs-übung:** Diese Übung kann man z.B. bei der Überprüfung zu erreichender Ziele / Wünsche anwenden. Sie zielt darauf ab, statt der Gedanken und Gefühle, die mit einem Thema/Problem verbunden sind, zu erheben, welche Empfindungen die Fragestellung im Körper auslöst, z.b. als Proteste oder Einwand.

Um das Neue zu verinnerlichen, ist es zum einen wichtig, den Umkehrversuchen zu widerstehen, aber auch, sich bewusst zu machen, was man bisher schon erreicht hat und wie die Ausgangsposition war.

> ➜ Was habe ich bisher erreicht und was oder wer hat mich dabei unterstützt?
> ➜ Woran erkenne ich, dass ich in alte Muster zurückfalle oder mich verführen lasse (*Rückfall*)?
> ➜ Wie komme ich mit Rückschritten klar?
> ➜ Wie lerne ich mir zu vertrauen? (*Selbstwirksamkeit*)?

Motivation und unsere Motivatoren, also was uns antreibt, sind in den ersten Phasen entscheidend. In der letzten Phase sind es unser Wille, unsere Disziplin, unsere Ausdauer und Selbstwirksamkeit, Verfestigung und Verstärkung.

Wie eingangs erwähnt, sind sowohl jeder beschriebene Schritt als auch die lückenlose und gute Vorbereitung wichtig. Um nicht zu früh aufzugeben oder sich abschrecken zu lassen von ersten Eindrücken, ist auch die Begleitung wichtig.

Ein professioneller Coach / Beratender ist besonders in der Aktivphase und in der der Aufrechterhaltung zu empfehlen.

Nachwort

Die Theorie wirkt oft komplex und kompliziert. Das Thema in einem Dreizeiler auszudrücken wäre unmöglich gewesen ... Jede Frau kann und soll sich das herausziehen, was für sie im Moment möglich ist.

Die praktische Umsetzung macht richtig Spaß und zeigt, was jede selbst angesprochen und begeistert hat.

Ich wünsche allen Frauen, die den Pfad beschreiten, ganz viel Herzblut und Engagement, viel Kraft, Mut, Ausdauer und Erfolg in der Umsetzung ihrer persönlichen Potenzialentfaltung und ihrer Ziele!!!

Ich freue mich über Austausch, Kontakt und Netzwerk-Erweiterung und gerne auch Fotos der beschrittenen Pfade.

Ich stelle mir vor, dass sich viele Frauen dafür öffnen, ihre Weiblichkeit anzunehmen, und es als ein Geschenk zu betrachten, dass sie Frau sein dürfen in dieser Zeit.

Folgen Sie dem Ruf nach mehr Authentizität, nach der inneren Wahrheit.

Folgen Sie dem Ruf der Weiblichkeit und erleben Sie eine neue innere Freiheit, Kraft und Unabhängigkeit.

Ich bedanke mich bei all den wunderbaren Frauen, die ich beobachten und von denen ich lernen durfte. Und ich bin all den tollen Frauen, die ich begleiten durfte, dankbar für ihre geteilten Lernerfahrungen und persönlichen Geschichten.

Es lebe der Zauber der Weiblichkeit!

Anhänge

Anhang 1: Frühwarnsystem

Es tauchen bei Stress/Druck folgende **Hauptsymptome** (meist in dieser beispielhaften Reihenfolge) auf:
1. Konzentrationsprobleme (z.B. beim Emails verschicken, Vergesslichkeit)
2. Kalte Hände
3. Innere Unruhe macht sich breit

Im einzelnen Verlauf der Stressthematik kommt es zu folgendem:
- Konzentrationsschwäche
- Gehetztsein (Gefühl, für nichts mehr Zeit zu haben)
- Getriebenheit (Gedanken), innere Unruhe
- Das Gefühl eines Steins auf der Brust, der erdrückt
- Verhaltensebene: alles gleichzeitig erledigen, multitasking
- Unsicherheit, Dinge zu tun (Entscheidungsdefizit)
- Auf Körperebene überwiegen ständig kalte Hände (später auch Herzrasen und das Gefühl, die Beine versagen und nicht mehr aufstehen zu können sowie der Kopf fühlt sich leer an)
- Verstärkte Bewertung/Kognitionen: »Ich bin für nichts gut.« – »Ich schaffe und kann es nicht.« – »Alle anderen sind besser als ich.« – »Warum sollen mich die Anderen ernst nehmen?«
- Bedürfnisse werden erst spät, wenn überhaupt, vernachlässigt (Freunde treffen, ausreichend trinken etc.)
- In spätem Stadium: Schlafstörungen (kein Ausschlafen mehr möglich, früh aufwachen, obwohl noch müde)
- ...
- ...

Deshalb (auf Wiedervorlage jede Woche)
als Frühwarnsystem folgende Skalen ausfüllen
Später reichen ggf. zwei Skalen zum Wohlfühl-Faktor, zur Lebensqualität
und Lebensfreude ...

0	1	2	3	4	5	6	7	8	9	10

Wie konzentriert und zentriert bin ich gerade?

0	1	2	3	4	5	6	7	8	9	10

Wie ruhig und gelassen bin ich gerade?

0	1	2	3	4	5	6	7	8	9	10

Ich habe den Eindruck, meine Zeit für die Bewältigung aller Dinge reicht sehr gut aus.

0	1	2	3	4	5	6	7	8	9	10

Wie gut kann ich gerade Dinge entscheiden?

0	1	2	3	4	5	6	7	8	9	10

Allgemeines Wohlgefühl

0	1	2	3	4	5	6	7	8	9	10

Körperebene (Entspannung, Atmigkeit, Wärme der Hände etc.)

0	1	2	3	4	5	6	7	8	9	10

Emotionale Lage (Ruhe, Gelassenheit, Ausgeglichenheit)

0	1	2	3	4	5	6	7	8	9	10

Verhalten auf der Arbeit (ruhige, konzentrierte Arbeitsweise)

0	1	2	3	4	5	6	7	8	9	10

Gedanken zur Arbeit, zum *Work-load*, Vertrauen in die eigene Bewältigungskompetenz

Maßnahmen zum Gegenlenken
(Bei auffällig niedrigen Bewertungen sofort damit beginnen!)

Auf der Arbeit:
- Perspektivenwechsel
    - o   Bewusst in den Abstand gehen und sich sammeln/zentrieren (Metaebene)
    - o   Sich vom Schreibtisch entfernen
    - o   Atemübungen, Laufen, Summen o.ä.
- Entschleunigung
    - o   Struktur schaffen, Priorisieren und Sortieren und Entscheidungen treffen (Verantwortung übernehmen)
    - o   Eins nach dem anderen wird nach Priorität mit Sorgfalt und Fokus abgearbeitet / erledigt.
- Präventiv bitte als Anker/Symbol eine Feder (für Leichtigkeit und Gelassenheit) o.ä. auf dem Schreibtisch platzieren.

Privat:
- Bedürfnispyramide / 5 Säulen überprüfen (hier insb. soziale Kontakte)

Anhang 2: Stresskette

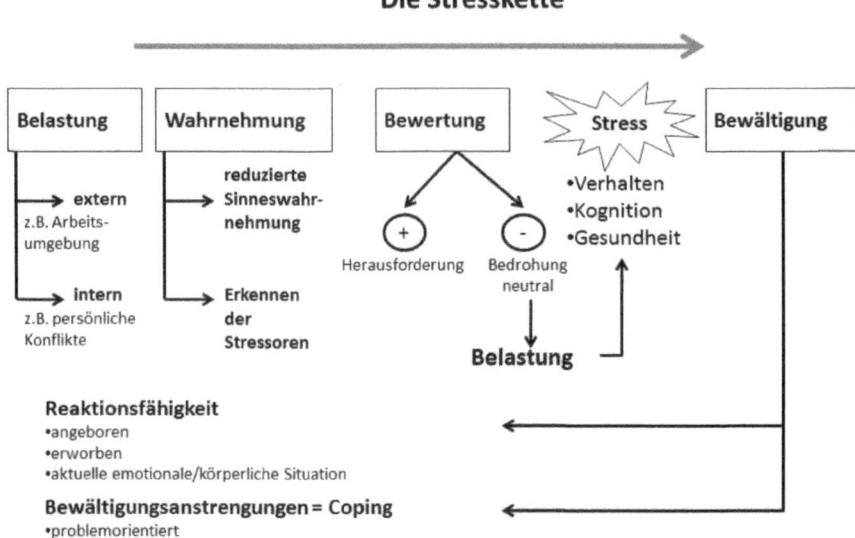

Die Stresskette

Reaktionsfähigkeit
•angeboren
•erworben
•aktuelle emotionale/körperliche Situation

Bewältigungsanstrengungen = Coping
•problemorientiert
•emotionsorientiert

Anhang 3: Zieldefinition

In der Projektphase *Zieldefinition* geht es darum, zu definieren, was die konkrete Planung ist, was man mit dem Projekt erreichen möchte und wie die Herangehensweise ist.

Inhalte in dieser Phase sollten sein:

> Projekt- und Ressourcenplanung
> Strategische Zielausrichtung
> Erfolgsfaktoren, Messbarkeit
> Evaluierungsintervalle
> Herangehensweise und nächste Schritte
> Abgleich von Interessens-/Zielkonflikten
> Harmonisierung der unterschiedlichen Interessen, Erwartungen und Wünsche
> Orientierung und Richtung -> Fokussierung
> Zieldefinition und -Erreichung
> Konkrete Formulierung der Ziele
> Projektplan (Meilensteine/Zeitplan/Verantwortlichkeiten, nächste Schritte)
> Reality Check

Folgende Tabellen können bei der Formulierung von Zielen und ihrer Indikatoren für die Zielerfüllung hilfreich sein:

Arbeitsblatt 1: Zielfomulierung und -erfüllung

Ziele: Welche Veränderungen sollen sich einstellen?	Maßnahmen / Aktivitäten / Interventionen: Wie, womit oder wodurch sollen die Ziele erreicht werden?	Woran kann man feststellen oder erkennen, dass die Veränderung eingetreten ist?
1.		
2.		

Arbeitsblatt 2: Aktivitätenplanung

Nr.	Meilensteine	Beschreibung / Ergebnisse / Kommentar	Termin / Zeitraum
1.			
2.			
3.			
4.			
5.			
6.			
7.			

Anhang 4: Kriterienliste

Firma und Kultur

0	1	2	3	4	5	6	7	8	9	10

Gute Teamarbeit

0	1	2	3	4	5	6	7	8	9	10

Professionelles Umfeld

Aufgabe/Art der Arbeit

0	1	2	3	4	5	6	7	8	9	10

Herausforderung und Kreativität

0	1	2	3	4	5	6	7	8	9	10

Selbständiges Arbeiten

0	1	2	3	4	5	6	7	8	9	10

Einbringen meines Potenziales und meiner Fachexpertise

Konkrete Arbeitsinhalte

0	1	2	3	4	5	6	7	8	9	10

Interne Kommunikation

0	1	2	3	4	5	6	7	8	9	10

Moderieren und Präsentieren

0	1	2	3	4	5	6	7	8	9	10

Organisations- und Koordinationstätigkeiten

Welche Fähigkeiten sollten zum Einsatz kommen

0	1	2	3	4	5	6	7	8	9	10

Kommunikation

0	1	2	3	4	5	6	7	8	9	10

Kreativität, Ideen einbringen und umsetzen

0	1	2	3	4	5	6	7	8	9	10

Optimieren von Abläufen und Prozessen

0	1	2	3	4	5	6	7	8	9	10

Integrative Führung

Arbeits-/ Rahmenbedingungen

0	1	2	3	4	5	6	7	8	9	10

Finanzieller Rahmen

0	1	2	3	4	5	6	7	8	9	10

Max. Reisetätigkeit / Teilzeit o.ä.

0	1	2	3	4	5	6	7	8	9	10

Standort

Die hier aufgeführten Kriterien sind beispielhaft und können durch andere ersetzt oder erweitert werden.

Anmerkungen

[1] Abgeleitet von »Die 10 Spielregeln der Macht«, Management Circle Exklusiv-Seminar, S. 231. http://www.management circle.de/seminar/die-10-spielregeln-der-macht.html (zugegr. am 26. Mai 2013)

[2] Nichtübereinstimmung, zum Beispiel von Gefühl und Gesichtsausdruck

[3] Auszug aus Wikipedia (zugegr. am 26.05.2013) http://de.wikipedia.org/wiki/Macht

[4] BPB Lexika (zugegr. am 26.05.2013) http://www.bpb.de/nach schlagen/lexika/politiklexikon/17812/macht

[5] *Old boys network*: bezeichnet umgangssprachlich die sich gegenseitig loyalitätsspendende Verbindung von Männern, die sich aus früheren Schul- oder Berufsstationen kennen und sich später bei der Karriere entsprechend unterstützen und ›unterbringen‹.

[6] Kopfmonopole: individuelles Wissen und Erfahrungsinformationen, das nur eine Person hat und dieses absichtlich oder unabsichtlich nicht geteilt wird, nicht abrufbar ist bei Abwesenheit und verloren geht bei Verlust der Person.

[7] *Best practices*: Analyse der besten und durchsetzungsstärksten Methoden und das Teilen dieser mit anderen.

[8] Rolf Oerter / Leo Montada (Hrsg.): Entwicklungspsychologie, 3. vollständig überarbeitete Auflage, München/Trier 1995

[9] Heinrich Beck / Arnulf Rieber: Anthropologie und Ethik der Sexualität. Zur ideologischen Auseinandersetzung um körperliche Liebe. Salzburg 1982

[10] Thomas Colley: The nature and origines of psychological sexual identity. Psychological Review, 1959

[11] Clarissa Pinkola Estés: Die Wolfsfrau, 10. Auflage, München 1995. Nach der Reihenfolge der Zitate: S. 16, 19, 25.

[12] Ebd., S. 144

[13] Dalai Lama: Der Weisheit des Herzens folgen. Warum Frauen die Zukunft gehört, München 2010

[14] Dalai Lama, ebd.

[15] Auszug aus Wikipedia (zugegr. am 25.05.2013) http://de.wikipedia.org/wiki/Potential

[16] Duden Online (zugegr. am 25.05.2013) http://www.duden.de/rechtschreibung/potenzial

[17] Spiegelneuronen sind ein Resonanzsystem im Gehirn, das Gefühle und Stimmungen anderer Menschen beim Empfänger zum Erklingen bringt. http://www.planet-wissen.de/natur_technik/forschungszweige/spiegelneuronen/ (zugegr. am 23.07.2013)

[18] Die *Gewaltfreie Kommunikation* nach Marshall B. Rosenberg ist eine Art des Umgangs miteinander, in deren Fokus die friedliche Lösung von Konflikten auf Kommunikationsebene mit bestimmten Regeln und Methoden steht. Vgl. hierzu: Marshall B. Rosenberg: Gewaltfreie Kommunikation, 10. Auflage, Paderborn 2001

[19] Duden Online (zugegr. am 26.05.2013) http://www.duden.de/rechtschreibung/Kommunikation

[20] Auszug aus Wikipedia (zugegr. am 26.05.2013) http://de.wikipedia.org/wiki/Kommunikation

[21] Anne Katrin Matyssek: Führung und Gesundheit, 2. Auflage, Norderstedt 2010

[22] »Mit *Empowerment* (von engl. empowerment = Ermächtigung, Übertragung von Verantwortung) bezeichnet man Strategien und Maßnahmen, die den Grad an Autonomie und Selbstbestimmung im Leben von Menschen oder Gemeinschaften erhöhen sollen und es ihnen ermöglichen, ihre Interessen (wieder) eigenmächtig, selbstverantwortlich und selbstbestimmt zu vertreten.« Wikipedia (zugegr. am 25.05.2013) http://de.wikipedia.org/wiki/Empowerment

[23] Personalentscheidern empfehle ich für Detailbeschreibungen das Buch von Martine Herpers: Erfolgsfaktor Gender Diversity, Freiburg und München, 1. Auflage 2013, Kap. 6 ff.

[24] Vgl. Boris Gloger und André Häusling: Erfolgreich mit Scrum – Einflussfaktor Personalmanagement, München, 2011

[25] Helen Fisher: Das starke Geschlecht – Wie das weibliche Denken die Zukunft verändern wird, München, 2000, S. 357

[26] Resilienz: seelische und mentale Belastbarkeit und Widerstandsfähigkeit

[27] »Inneres Team«: Persönlichkeits- und Kommunikationsmodell von Friedemann Schulz von Thun. Vgl. ders.: Miteinander reden 3 – Das »innere Team« und situationsgerechte Kommunikation, Reinbek 1998

[28] Bas Kast: Wie der Bauch dem Kopf beim Denken hilft, 2. Auflage, Frankfurt am Main 2007, S. 75-76

[29] Ebd., S. 87

[30] Selbstwirksamkeit ist ein Konzept, das von dem Psychologen Albert Bandura in den 70er Jahren entwickelt wurde:»Selbstwirksamkeitserwartung bezeichnet die eigene Erwartung, aufgrund eigener Kompetenzen gewünschte Handlungen erfolgreich selbst ausführen zu können.« Ein Mensch, der daran glaubt, selbst etwas zu bewirken und auch in schwierigen Situationen selbstständig handeln zu können, hat demnach eine hohe SWE. http://de.wikipedia.org/wiki/Selbstwirksamkeitserwartung (zugegr. am 8.5.2013) Selbstwirksamkeit-Definition auch von Aronson, Wilson & Akert, 2004

[31] Pfad IT: http://de.wikipedia.org/wiki/Pfad (zugegriffen am 8.5.2013)

[32] Pfad Medizin: http://de.wikipedia.org/wiki/Pfad (zugegriffen am 8.5.2013)

[33] Dieses Konzept entstammt der Transaktionsanalyse. Der Begriff ›Skript‹ meint eine Art ›Drehbuch des Lebens‹, eine Lebensprogrammierung in Form teils nur weniger Sätze, die fatale Wirkung haben können, da sie meist nicht einmal erahnt werden. Vgl. hierzu: Eric Berne: Die Transaktions-Analyse in der Psychotherapie: Eine systematische Individual- und Sozialpsychiatrie. Aus dem Englischen von Ulrike Müller. Paderborn 2006

[34] Gedankenstopp: eine im Rahmen der Verhaltenstherapie in den 1950er Jahren entwickelte Technik, um sich häufig wiederholende und belastende Gedanken zu unterbrechen.

[35] *Vision Board*: Methode, sich der eigenen Ziele und Wünsche klar zu werden und diese zu visualisieren, um mehr Erfolg zu erzielen und fokussierter die Weichen für die Zukunft heute zu stellen.

[36] Als (engl.) *Stakeholder* = Teilhaber wird eine Person oder eine Gruppe bezeichnet, die ein berechtigtes Interesse am Verlauf oder Ergebnis eines Prozesses oder Projektes hat.

[37] *Reality check*: Man überprüft Traum und Realität und unternimmt eine entsprechende Prüfung, z.B. anhand von Checklisten.

[38] Ich beziehe mich auf die zentralen Ergebnisse einer Langzeitstudie von Bochumer Forschern unter der Leitung von Prof. Dr. Heinrich Wottawa.

[39] Martin Haase: Spaß im Beruf und ethische Werte sind Frauen wichtig: http://www. leadership.info/1278/spass-im-beruf-und-ethische-werte-sind-frauen-wichtig/ (zugegr. am 24.5.2013)

[40] Von (engl.) *trigger* = Auslöser. Wird in der Psychologie als Schlüsselreiz, zum Beispiel für eine Körperreaktion, bezeichnet.

[41] Mit dem psychologischen Begriff des *Narzissmus* ist im weitesten Sinne eine Selbstliebe gemeint, die man aus erfahrenem Liebesmangel heraus dem eigenen Selbstbild entgegenbringt. Im engeren Sinn bezeichnet Narzissmus eine auffällige Selbstbewunderung, Selbstverliebtheit und übersteigerte Eitelkeit. Vgl. hierzu beispielsweise Hans-Peter Röhr: Narzissmus. Das innere Gefängnis, München 2005

[42] Die *selbsterfüllende Prophezeiung* beschreibt den Umstand, dass ein erwartetes Verhalten oder Geschehen durch das eigene Verhalten (etwa das Schüren von Erwartungshaltungen oder einem Gerücht) erzwungen wird. Vgl. hierzu beispielsweise Paul Watzlawick: Anleitung zum Unglücklichsein. München 1988

JULIA SCHULZ
war sechzehn Jahre lang bei verschiedenen Global Playern tätig, u.a. im Personalbereich und in internationalen Führungspositionen. Seit 2006 wirkt sie als selbständige Beraterin, als Coach und Referentin in Konzernen und Mittelstandsfirmen. Sie gründete Unternehmen mit Fokus auf Führungskräfteberatung, Change Management sowie Stress- und Burnoutbewältigung und begleitet, einer Herzensstimme folgend, Frauen auf deren eigenen weiblichen Wegen zur Umsetzung beruflicher Ziele.